W0063682

Positiv führen

Stärken erkennen und nutzen

Christian Thiele

Inhalt

Vorwort

Die Bedingungen und Herausforderungen für Führungskräfte haben sich in den letzten Jahren geändert. Vor allem sind sie anspruchsvoller geworden: Permanente Beschleunigung und Verdichtung, schneller Wandel sowie zunehmend digitale Kanäle fordern maximale Präsenz und Geschwindigkeit. Hinzukam die Corona-Krise: eine globale Herausforderung von enormer Tragweite, die uns allen viel abverlangt hat und deren Auswirkungen uns noch lange begleiten werden. In solchen Zeiten ist es gut, sich auf Positives zu besinnen, auch und vor allem im Arbeitsalltag.

Stärken Sie Ihre Stärken und die Ihrer Mitarbeiter*innen, anstatt den Fokus auf Schwächen zu legen. Stärkenorientierte Führungskräfte haben nicht nur zufriedenere und motiviertere Teams, sondern sind auch erfolgreicher, wie zahlreiche Studien belegen. Dieser TaschenGuide zeigt Ihnen die Perspektiven und Optionen eines positiven Führungsstils auf. Sie erfahren, wie Sie Stärken identifizieren und ausbauen. Sie lernen Strategien und Übungen kennen, mit deren Hilfe Sie die Theorie des stärkenorientierten Führens einfach und sicher in Ihren Berufsalltag umsetzen können. Dabei wird Ihnen einiges vertraut erscheinen. Umso besser! Gleichzeitig hoffe ich, Ihnen mit diesem TaschenGuide viele neue praktische Anregungen für Ihren Führungsalltag an die Hand zu geben.

Mit positiven Grüßen

Christian Thiele

Für unsere Kinder Theo und Stella, die hoffentlich ihre Stärken nicht erst in Büchern und Seminaren entdecken.

Positives Führen ist erfolgreiches Führen

Führungsmodelle gibt es wie Sand am Meer. Auch Positive Leadership zählt dazu. Warum dieser Ansatz nachweislich erfolgreicher ist als viele andere, erfahren Sie in diesem Kapitel. Sie lesen hier zudem,

- was mit Positive Leadership gemeint ist – und was nicht,
- wie positives Führen funktioniert,
- warum Sie das PERMA-Modell kennen sollten.

Was Positive Leadership ist – und was nicht

In Schule, Ausbildung und Studium werden wir darauf geeicht, an unseren Schwächen zu arbeiten und Leistungsdefizite auszugleichen. Auch in den klassischen Führungstheorien ist es ähnlich. Der Fokus ist auch hier auf die Optimierung von Negativem gerichtet, um die Effektivität und Effizienz zu steigern. Das nagt nicht nur am Selbstbewusstsein der Mitarbeiter, sondern auch an der Motivation.

Einen ganz anderen Ansatz verfolgt Positive Leadership: Dieses Konzept überträgt die Erkenntnisse der Positiven Psychologie auf den Organisations-, Führungs- und Arbeitsalltag. Hier stehen die Stärken des einzelnen Mitarbeiters, des Teams und der Organisation im Mittelpunkt. Toshi Harada, Leiter des internationalen Business Development bei Hayes Lemmertz, einem der weltgrößten Produzenten von Autorädern, bringt den Nutzen von Positive Leadership drastisch auf einen Nenner: »Negative Führer erzeugen Müll und Ineffizienz«, so Harada, »Positive Leadership hingegen führt zu nachhaltiger Verbesserung.« Bestätigt wird diese Einschätzung durch viele Studien aus verschiedenen Branchen und verschiedenen Unternehmen, die belegen, dass positives Führen die Profitabilität, die Produktivität, die Qualität, die Kundenzufriedenheit sowie die Mitarbeiterloyalität steigert.

Aber auch die Führenden selbst profitieren auf vielfältige Weise von Positive Leadership. Höhere Zufriedenheitswerte, weniger

Stress, bessere Bewertungen durch Mitarbeiter und Vorgesetzte, steigende Boni und Gehälter zählen zu den Effekten, die positives Führen laut unterschiedlicher Studien mit sich bringt.

> »Wertschöpfung durch Wertschätzung« lautet die wissenschaftlich belegte Erfolgsformel von Positive Leadership.

Doch was steckt genau hinter diesem Ansatz? Seien Sie versichert: Viel mehr als Theorie. Positives Führen ist ein messbares System der Führung, dessen Wirksamkeit in zahlreichen Studien wissenschaftlich belegt ist. Es bietet praktische Handreichungen für Einzelne und Organisationen, damit Stärken und andere Ressourcen für mehr Leistung, Wohlbefinden und andere Leistungsindikatoren eingesetzt werden können. Dabei ist Positive Leadership nicht allein auf die Mitarbeiterführung beschränkt. Führung bezieht sich in diesem Ansatz stets auf mindestens drei Dimensionen:

1. den Umgang mit selbst,
2. die Führung von Mitarbeitern und Teams und
3. den Aufbau, die Gestaltung und die Veränderung von Unternehmen und anderen Organisationen als Ganzes.

Für nahezu alle geeignet

Positive Leadership kam in den ersten Jahren viel vor allem in großen internationalen Unternehmen und Konzernen zur Anwendung. Mittlerweile gibt es jedoch auch in zahlreichen kleinen Betrieben oder mittelständischen Firmen immer mehr

Inhaber, Geschäftsführer, Bereichs-, Werks- oder Teamleiter, die mittels dieses Ansatzes führen oder Führungskräfte ausbilden und entwickeln. Junge und Erfahrene profitieren gleichermaßen vom positiven Führen. Nun könnte man denken, dass Führungskräfte, die bereits länger im Job sind, sich damit schwerer tun. Laut Studienergebnissen ist das Gegenteil der Fall: Erfahrene Führungskräfte bringen häufig sogar mehr Einsichten und Kompetenzen in Sachen positiver Führung mit. Auch beschränkt sich der Nutzen von Positive Leadership nicht auf Chefinnen und Chefs mit formell übertragenen, hierarchiebedingten Führungsbefugnissen. Auch Führende in Matrixorganisationen oder in Projekten, wo nicht wirklich klar ist, wer wem eigentlich genau was zu sagen hat, profitieren davon.

Mythen und Vorurteile

Wer über Positive Leadership schreibt, den Ansatz trainiert oder praktiziert, muss sich immer wieder mit diversen Vorurteilen darüber auseinandersetzen.

Vorurteil 1: Ist nur etwas für Esoteriker

Positives Führen hat nichts mit Bäumeumarmen zu tun, es ist durchaus nicht esoterisch oder irgendwie weich. Es lässt sich messen und auch seine Effekte sind mit harten Kennziffern belegbar (siehe hierzu auch Kapitel »PERMA lässt sich messen«).

Vorurteil 2: Steht für Mittelmäßigkeit und Kuschelkurs

Positiv Führende sollten und müssen durchaus auch Kritik üben an Fehlleistungen und Defiziten. Allerdings geht es dabei um die Frage der Perspektive und des Verhältnisses: Die US-amerikanische Psychologin Barbara Fredrickson, eine Expertin in der Positiven Psychologie, empfiehlt ein Verhältnis zwischen Lob und Kritik von ungefähr 3:1 – auch Positivity Ratio genannt.

Und Exzellenz und Höchstleistung, erbracht von Einzelnen und Teams, sind auch die Ziele positiv Führender. Sie werden nur auf eine andere Art und Weise erreicht, nämlich indem immer wieder auch auf Stärken, Ressourcen, Erfolge, Positives fokussiert wird – und nicht immer nur auf Fehler, Mängel, Misserfolge.

Vorurteil 3: Ist nur etwas für große Konzerne

Die Firmen, in denen mittels Positive Leadership geführt wird, und zwar erfolgreich, stammen aus diversen Branchen, haben unterschiedliche Größen und verschiedene Reifegrade: Da gibt es Konzerne wie Southwest Airlines oder die Deutsche Telekom, aber auch Familienunternehmen wie VAUDE oder Märkisches Landbrot. Es sind Handels- und Drogeriemarktketten, Banken, Pflegedienste, Start-ups und staatliche Behörden, in denen nach den Prinzipien und Methoden von Positive Leadership organisiert, geführt und gearbeitet wird.

Vorurteil 4: Ist eher verkopfte Theorie

Positive Leadership ist keine Führungsphilosophie für den Elfenbeinturm. Der Ansatz bietet Handlungsvorschläge, die leicht umsetzbar sind. Beim Weiterlesen werden Sie sicherlich feststellen, dass Sie einiges davon bereits praktizieren.

Vorurteil 5: Ist nur etwas für diejenigen, bei denen es ohnehin gut läuft

Manche sind der Meinung, dass Positives Führen nur auf dem Sonnendeck funktioniere. Das ist schlicht falsch, denn positive, zufriedene, dankbare Menschen sind nachweislich erfolgreicher. Hinzu kommt noch ein entscheidender weiterer Faktor, der ebenso wissenschaftlich erwiesen ist, und das Vorurteil entkräftet: Gerade in Zeiten von Ungewissheit, Umbruch und Krise kann positives Führen viel zu Leistungsfähigkeit, Wohlbefinden und Kreativität von Führenden, Geführten und Unternehmen beitragen. Wie das funktioniert, werde ich in diesem Taschen-Guide demonstrieren.

PERMA – die 5 Säulen von Positive Leadership

Die Theorie haben Sie bereits kennengelernt. Doch was heißt nun positives Führen ganz konkret in den praktischen Arbeitsalltag übersetzt? Wie lässt sich Positive Leadership lernen, trainieren und messen? Besonders gut gelingt dies mit dem PERMA-Konzept, das ursprünglich vom US-amerikanischen Psychologieprofessor Martin Seligman stammt. Seine Tauglichkeit für den Praxisalltag ist inzwischen von unterschiedlichsten Forschern in Studien und Untersuchungen belegt worden.

PERMA ist ein Akronym, das sich aus den Buchstaben von fünf Strategien bzw. Erfolgsrezepten zusammensetzt, die Führende anwenden können, um mehr Leistungsfähigkeit, Zufriedenheit und Motivation in den Arbeitsalltag zu bringen – für sich selbst, ihre Mitarbeiter und ihre Organisation.

Die fünf PERMA-Strategien sind trotz ihrer wissenschaftlichen Herkunft sehr leicht verständlich und praxistauglich. Und sie lassen sich gar nicht immer ganz genau voneinander abgrenzen – was für Forscher diffizil sein kann, aber für Führungskräfte umso besser ist, nach dem Motto: »Buy one, get two«.

Die fünf PERMA-Säulen im Überblick

1. **P**ositive Emotion
2. **E**ngagement: Stärkenfokus, Flow
3. **R**elationships: Teamgeist, Miteinander
4. **M**eaning: Sinnempfinden
5. **A**ccomplishment: Erfolgserleben

Säule 1: Positive Emotionen stärken

Freude, Interesse, Gelassenheit, Humor: All dies sind nicht nur Empfindungen, die sich gut anfühlen. Barbara Fredrickson konnte in ihren Studien nachweisen, dass diese positiven Gefühle uns auch kognitiv und sozial leistungsfähiger machen. Doch damit nicht genug: Sie erhöhen auch unsere Kreativität und wirken zudem wie eine Schutzschicht gegen stressige, ärgerliche und anderweitig unangenehme Situationen im Leben. Die positiven Emotionen schützen uns also wie eine gute Isolationsjacke gegen Wind und Regen.

Säule 2: Stärken und Flow fördern

Das Flow-Konzept des Psychologen und Mitbegründers der Positiven Psychologie Mihály Csíkszentmihályi geht davon aus, dass uns Tätigkeiten besonders dann erfüllen, wenn

- sie uns einerseits herausfordern,
- wir aber andererseits die dafür nötigen Kompetenzen, Fähigkeiten und Instrumente haben, um die Aufgabe zu bewältigen.

Im Flow vergessen wir Zeit und Raum und versinken ganz und gar in unserer Aufgabe. Im Flow sind wir fokussiert und konzentriert. Auch schwierige Aufgaben gehen uns dann ganz leicht von der Hand. Dieser Zustand lässt sich auch bei anderen gezielt fördern, wie Sie in den weiteren Kapiteln dieses Taschen-Guides sehen werden.

Säule 3: Das Miteinander stärken

Der Mensch ist ein ausgesprochen soziales Lebewesen. Geteiltes Leid ist, wie wir wissen, halbes Leid. Geteilte Freude ist sogar doppelte Freude. Erfüllende Verbindungen sind daher auch die dritte PERMA-Säule, die Positive Leadership stützt.

Säule 4: Sinn vermitteln

»Wer ein Wofür zu leben hat, erträgt jedes Wie«. Das ist eine der festen Überzeugungen des Wiener Arztes Viktor Frankl, der unter anderem im Dritten Reich die Auslöschung seiner Familie im Konzentrationslager und unsagbarste eigene Traumata in diversen KZs überlebt hat. Die moderne Forschung bestätigt Frankls Annahme: Das Warum zu kennen, Sinnvolles zu tun, das Empfinden, mit der eigenen Tätigkeit etwas wenigstens halbwegs Bedeutungsvolles zu bewirken und nicht nur irgendeine Position an irgendeiner Stelle im Organigramm aus irgendwelchen Gründen zu besetzen, ist eine weitere wichtige Strategie, um sich und andere positiv zu führen.

Säule 5: Selbstwirksamkeit erleben

PERMA-Säule Nr. 5 lässt sich gut mit dem Rasenmählereffekt beschreiben: Wer Rasen mäht, sieht sofort den Effekt des eigenen Tuns, Mähbahn für Mähbahn. Vergleichbar ist es auch mit der Arbeit: Wenn wir von dem, was wir uns vornehmen, auch immer mal wieder etwas erreichen, wenn wir Fortschritte,

Errungenschaften wahrnehmen, dann erleben wir Selbstwirksamkeit.

> Positive Leadership ist die Summe aller Qualitäten, Praktiken und Einstellungen, die eine Führungskraft in die Lage versetzen, das PERMA der Mitarbeiter und der Organisation positiv zu beeinflussen.

Selbsttest: Sind Sie ein Positive Leader?

Wie können Sie Ihr PERMA-Niveau ausbauen? Hier eine Art Schnelltest, anhand dessen Sie Ihr Kapital als positive Führungskraft einschätzen können. Tragen Sie zunächst die entsprechenden Werte für sich ein – oder lassen Sie sich von einem Mitarbeiter bewerten. 1 bedeutet »überhaupt nicht zutreffend«, 7 steht für »ganz und gar zutreffend«.

Inwieweit treffen die folgenden Aussagen zu?	Wert
Unter meiner Führung empfinden die Mitarbeiter Spaß und andere positive Emotionen bei der Arbeit.	
Ich fördere meine Mitarbeiter in ihren Stärken.	
Ich sorge für viel Teamgeist, Wirgefühl und Miteinander.	
Meine Mitarbeiter wissen, wozu ihre Arbeit dient, für wen sie sie tun. Sie erleben sie als sinnhaft.	
Ich formuliere klare Ziele. Wenn diese erreicht sind und sich Erfolge einstellen, lasse ich meinen Mitarbeitern Anerkennung und Wertschätzung zuteil werden, wenn diese erreicht sind und sich Erfolge, Fortschritte einstellen.	
Summe:	

Zählen Sie die Werte zusammen. Welche Summe ergibt sich? Liegt das Ergebnis eher bei der Mindestpunktzahl von 5 oder eher im oberen Bereich bei 35 Punkten? Reflektieren Sie folgende Fragen:

- Überrascht Sie das Gesamtergebnis eher? Oder sehen Sie sich bestätigt?

- Wenn Sie die einzelnen Punktwerte betrachten: Welcher ist am höchsten, welcher am niedrigsten? Bezogen auf die höchste Zahl: Was genau machen Sie, um in diesem Bereich so gut zu liegen? Welche Gewohnheiten, Stärken, Erfahrungen helfen Ihnen dabei? Bezogen auf den niedrigsten Wert: Was genau tun Sie in jenem Bereich schon? Wenn dort eine höhere Zahl als 0 oder 1 steht: Wie kommt es, dass Sie auch in diesem Bereich einige Punkte haben?

- Wenn Sie den niedrigsten Wert etwas, sagen wir, um 5 Prozent verbessern wollten: Was könnte dabei hilfreich sein?

Diese Interpretationstechnik ist selbst eine Methode der Positive Leadership. Sie stammt vom Wirtschafts- und Organisationspsychologen Markus Ebner (2019) und heißt PP5. Ihr Name steht für Folgendes:

- P für die Fokussierung auf den Positiv-Wert,

- P für das Positive im niedrigsten Wert und

- 5 für die 5 Prozent Verbesserungspotenzial bei selbigem.

PERMA lässt sich messen

Markus Ebner hat ein Messverfahren entwickelt, mit dem sich an PERMA orientiertes positives Führen evaluieren lässt. Da es ausschließlich Führungsverhalten misst, heißt es PERMA-Lead. PERMA-Lead ist in drei Varianten möglich:

1. Mit dem PERMA-Lead-Profiler wird für die einzelne Führungskraft eine Art Potenzialanalyse bezogen auf Positive Leadership erstellt.

2. Etwas aufwändiger, dafür aber aussagekräftiger: das **PERMA-Lead-360°-Feedback**. Dazu werden ergänzend zur Selbsteinschätzung der Führungskraft die Bewertungen durch Mitarbeiter, Vorgesetzte und Kollegen eingeholt, die sich auch auf weitere Management- und Karrierefähigkeiten beziehen und stets mit einem Begleit-Coaching Hand in Hand gehen.

3. In der dritten Variante wird eine **PERMA-Lead-Unternehmensanalyse** erstellt, welche die tatsächliche Führungskultur in einer Organisation abbildet. Dazu werden die einzelnen 360°-Feedbacks zusammengefasst, aggregiert und daraus die Stärken und mögliche Entwicklungsbedarfe der Führungs- und Unternehmenskultur abgeleitet.

> Unter www.perma-lead.com erhalten Sie detailliertere Informationen zu den diversen Testverfahren und können sich PERMA-Lead-zertifizierte Coaches, Trainer und Berater für Ihr Unternehmen empfehlen lassen. Auf meiner Website www.positiv-fuehren.com finden Sie einen Podcast-Beitrag sowie ausführlichere Beschreibungen samt Beispielen zu den PERMA-Lead-Testungen.

Das große Potenzial unserer Stärken

Viele Menschen tun sich schwer damit, Stärken zu erkennen, zu benennen, zu verstehen, wertzuschätzen und somit überhaupt nutzen zu können. Dabei ist Stärkenorientierung in Krise und Umbruch besonders hilfreich.

In diesem Kapitel erfahren Sie,

- warum unser Fokus eher auf Schwächen gerichtet ist,
- was Stärken ausmacht,
- warum es stärkt, Stärken zu stärken.

Die Schwäche mit den Stärken

Wollen Sie Ihren Partner oder Ihre Mitarbeiterin mal so richtig verlegen machen, dann fragen Sie ihn oder sie Folgendes: »Was kannst du eigentlich so richtig gut? Was sind deine wichtigsten Qualitäten, Fähigkeiten, Stärken?« Kichern, Rotwerden, Räuspern, Relativieren, Ausweichen – das sind meiner Erfahrung nach die typischen Reaktionen auf diese Fragen. Vielleicht kommt auch noch: »Puh, äh, Schwächen fallen mir gleich ein, aber Stärken?«, oder: »Das ist jetzt aber eine knifflige Frage!« Aber das war es dann auch schon. Mit Schwächen kennen sich die meisten gut aus, sowohl mit denen anderer als auch mit den eigenen. Mit Stärken tun wir uns alle dagegen häufig schwer. Leider!

Wieso? Woraus resultiert die weitverbreitete Schwäche, Stärken zu erkennen und zu benennen? Die Hauptgründe dafür klangen bereits am Anfang dieses TaschenGuides an. Hier beschäftigen wir uns noch einmal ausführlicher damit: Wir sind sozialisiert auf Bescheidenheit durch Schule, Chefs, Optimierungsbücher – und natürlich auch durch Berater, Trainer und Coaches, die mit dem Fokus auf Schwächen ihr Geld verdienen. Das macht uns blind für die eigenen Stärken. Sie liegen in unserem toten Winkel.

Das Denken in Gefahren, Problemen und Defiziten wirkt schneller, stärker und nachhaltiger auf unser Gehirn als Gelungenes, Gelingendes und Chancen. Ein Bewusstsein für Stärken muss quasi immer bergauf schwimmen im Strom unserer tendenziell negativen Wahrnehmungen und Empfindungen.

Wir leiden daher häufig mehr an unseren Schwächen und Problemen, als dass wir uns an Erfolgen und Leistungen freuen können. Zudem werden Stärken häufig als »gottgegeben« wahrgenommen, als etwas, was sich nicht fördern oder stärken lässt (sogenanntes Fixed Mindset). Schwächen dagegen halten wir für leichter veränderbar. Wir haben in Bezug auf diese häufig eine offenere Denkhaltung (Growth Mindset).

Doch es gibt noch weitere Gründe für den Schwächenfokus: In manchen familiären oder auch Organisationskulturen steht das Kollektiv so im Vordergrund, dass der Gedanke an individuelle Stärken zunächst schwerfallen mag. In manchen Kontexten – Familien, Teams, Gesellschaften – können zudem manche Stärken eher als störend oder unpassend wirken, so etwa Mut in sehr zurückhaltend, kollektiv geprägten Kulturen.

Wir glauben fälschlicherweise, dass unser größtes Veränderungs- und Entwicklungspotenzial die Abschwächung von Schwächen darstellt. Und: Uns fehlt oft schlicht das Vokabular für Stärken.

All diese Sichtweisen können Sie ändern, für sich selbst, für Ihre Mitarbeiter, Ihre Organisation. Wechseln Sie den Fokus, weg von »What's wrong with me?« hin zu »What's strong in me?«, wie die Amerikaner sagen würden. Denn Stärken stärken stärkt, auf viele unterschiedliche Weisen. Wer stärkenorientiert lebt, arbeitet und führt, ist erfolgreicher, glücklicher, weniger gestresst. Aber dazu später mehr.

Was Stärken sind

Der britisch-australische Stärkenforscher Alex Linley hat in Befragungen Beeindruckendes herausgefunden: Rund zwei Drittel der Menschen kennen ihre Stärken nicht. Und die, die überzeugt davon sind, ihre Stärken zu kennen, irren sich meist. Denn Stärken sind nicht beziehungsweise nicht allein das, was wir gut können.

Stärken sind Muster an Gedanken, Empfindungen, Verhaltensweisen, die

1. uns leichtfallen, uns Energie geben, bei deren Aktivierung wir Zeit und Raum vergessen,
2. uns Leistung und Erfolge ermöglichen, für die wir gelobt werden,
3. mit unserem »echten Selbst« verbunden, zentral für unsere Identität sind und die wir daher auch an anderen schätzen.

BEISPIEL: DER EXCEL-PROFI

Angenommen, Sie sind in Ihrer Firma als Excel-König bekannt, weil niemand so schön wie Sie höchst aufwendige Tabellen zu bauen und zu füllen vermag. Allerdings kostet Sie das aber jedes Mal extrem viel Mühe und Kraft. Und insgeheim schütteln Sie über die Ihnen zugeschriebene Strukturiertheit den Kopf. Obendrein glauben Sie nicht wirklich an die Messbarkeit der Werte, die Sie mit so viel Aufwand abbilden … In Ihren Augen ist Ihr Excel-Talent also keine wirkliche Stärke.

Achtung: Verwechslungsgefahr!

Einige Vorstellungen, Begrifflichkeiten und Konzepte werden häufig mit Stärken verwechselt oder mit diesen in einen Topf geworfen. Es gilt also zu differenzieren.

Enge Verwandte von, aber eben nicht genau das gleiche wie Stärken sind ...	
Werte	Was ist Ihnen wichtig?
Erfahrungen	Was haben Sie bereits erlebt?
Ziele	Wo wollen Sie hin?
Kompetenzen	Was können Sie?
Ressourcen	Wer bzw. was stärkt Sie?
Interessen	Was fasziniert Sie?

Stärken sind – zum Glück – nicht ganz so vorübergehende Erscheinungen wie Emotionen, die sich körperlich und kognitiv je nach Kontext und Situation äußern. Sie sind aber auch nicht ganz so stabil wie etwa unsere Werte, die eher indirekt beobachtbar und situationsübergreifend unser Handeln und Denken bestimmen.

Gelebte und ungelebte Stärken

Stärken lassen sich ausbauen, vertiefen, erweitern, also: stärken. In manchen Berufen oder Handlungssituationen sind bestimmte Stärken mehr gefragt und werden mehr gesehen als andere – daher mag in diesem Kontext der Stärkenmuskel besser trainiert sein. Unter Umständen mag eine Stärke so selten benutzt werden, dass sie geradezu verkümmert. Daher lohnt folgende Unterscheidung:

1. Die Talente, Begabungen und Fähigkeiten, die wir auf die Straße bringen, sind **gelebte Stärken.** Die anderen wissen um sie, wir kennen sie, sie machen uns erfolgreich und verleihen uns Energie.

2. **Ungelebte Stärken** hingegen sind Qualitäten, die wir vielleicht in anderen Kontexten oder früheren Situationen stärker einbringen konnten als im Hier und Jetzt, die aktuell quasi unter der Oberfläche schlummern. Das größte Entwicklungspotenzial von Menschen liegt darin, genau diese ungelebten Stärken (wieder) zu finden, zu stärken, anzuwenden, quasi zu entstauben, aufzuwärmen oder wachzuküssen.

BEISPIEL: DIE EX-ORGA-QUEEN

Angenommen, Sie haben sich in der Ausbildung oder im Studium sehr für das soziale Miteinander engagiert und jedes Semester eine große Party organisiert. Sie haben virtuos mit seitenlangen To-do-Listen jongliert. Vom DJ über das Catering bis hin zum Reinigungspersonal für den Morgen danach – Sie haben an alles gedacht. Und auch wenn ein Unwetter hereinbrach, der Brauereilaster bei der Anfahrt kollabierte, die Ticketkasse abhandenkam: Sie hatten für alles immer einen Plan B, einen Plan C und einen Plan D – und zwar mühelos und obendrein stets mit einem lockeren Spruch auf den Lippen. Sie waren eine echte Orga-Queen! Jetzt aber, wie das Leben eben so spielt, haben Sie einen Job, der Ihre Zahlen- und Analysekompetenz fordert, in dem aber sonst, außer dem weihnachtlichen Ausflug mit den drei Kollegen zum Glühweinstand, weit und breit nichts zu organisieren ist. Ihr Organisationstalent wäre dann also eine ungelebte Stärke. Die, wenn Ihnen Ihr Arbeitsleben gerade zu fad ist, vielleicht mal wieder zu entrosten und zu aktivieren wäre, damit wieder etwas mehr Pep in Ihren Job einzieht …

Erlerntes Verhalten

Dinge, die wir gut können, mehr oder weniger häufig nutzen, aber deren Einsatz uns eher Energie zieht als gibt, unterfallen der Kategorie »Erlerntes Verhalten«. Solche Fähigkeiten mögen eine wertvolle Ressource sein – das Leben ist schließlich kein Ponyhof. Für ein zufriedeneres, glücklicheres, motivierteres (Arbeits-)Leben jedoch könnte es sinnvoll sein, dieses erlernte Verhalten eher zu reduzieren als zu stärken, etwa durch eine bessere Anpassung des Stellenprofils an die eigenen Stärken, auch Jobcrafting genannt.

BEISPIEL: KOMPETENT IN KUNDENZEITSCHRIFTEN

In meinem ersten Berufsleben war ich Journalist. Als ich in einer der zahlreichen Medienkrisen einen Job verloren hatte und keinen neuen fand, begann ich mit der Konzeption und Erstellung von Kundenzeitschriften. Eine Tätigkeit, in der ich meine Erfahrung als Journalist einbringen konnte und mit der ich gutes Geld verdiente und erfolgreich war. Weil ich aber nie der Auffassung war, dass die Welt weitere Kundenzeitschriften braucht, war ich auf diese Errungenschaften nie wirklich stolz. Zeitweise schämte ich mich sogar dafür. Und war extrem froh, als meine neu entdeckte eigentliche Leidenschaft, das Coaching und Training von Führungskräften, mit der Zeit so einträglich wurde, dass ich keine Kundenzeitschriften mehr entwickeln oder betreuen musste. Bis mir im Frühjahr 2020 die Corona-Pandemie Knall auf Fall über Monate hinweg sämtliche Coaching- und Trainingsaufträge verunmöglichte. Und damit auch die Erfolgserlebnisse, Momente der Begegnung und natürlich auch die Umsätze, die damit verbunden sind. Damals war ich froh, dass ich schnell einige Aufträge für Kundenmedien annehmen und umsetzen konnte. Das Erlernte war mir plötzlich wieder sehr hilfreich!

Wie das Stärken Stärken stärkt

Zu wissen, wo Ihre Talente, Erfahrungen, Kompetenzen liegen, wie Sie sie noch stärker auf die Straße bringen können, bringt etliche Vorteile – für Sie selbst, für einzelne Mitarbeiter, für das gesamte Team.

Bewährte Thesen, frisch belegt

Seit dem Aufkommen der Positiven Psychologie Ende der 1990er-Jahre sind Tausende von Studien zu Themen wie positive Emotionen, Engagement und Motivation, Kooperation, Sinn- und Erfolgserleben durchgeführt worden.

Psychologen, Ökonomen, Mediziner, Chemiker, Biologen, Sportwissenschaftler konnten mit DNA-gestützten Analysen, bildgebenden Verfahren aus den Neurowissenschaften und anderen wissenschaftlichen Methoden unter anderem herausfinden, welche Verschwendung von Ressourcen es bedeutet, den Blick zu sehr auf Schwächen und deren Reparatur zu richten. Sie konnten belegen, dass es viel effizienter und erfüllender ist, Kompetenzen, Erfahrungen, Talente und Stärken auszubauen und zu fördern. Und sie konnten viele ältere bewährte Erkenntnisse aus der Pädagogik, zum Beispiel von Maria Montessori, oder aus der humanistischen Psychologie mit aktuellem Datenmaterial bestätigen.

Wissenswertes von Stärkenforschern

Was bestimmt darüber, wie leistungsfähig und erfolgreich jemand sein kann? Ist es die Intelligenz? Ist es der Arbeitseinsatz? Ist es die gesammelte Erfahrung?

Interessant in diesem Zusammenhang ist ein Experiment der beiden US-amerikanischen Psychologen Robert Rosenthal und Lenore Jacobson an einer kalifornischen Schule in den 1960er-Jahren: Den Lehrern wurde gesagt, dass einige ihrer Schülerinnen und Schüler ein besonderes IQ-Wachstumspotenzial hätten. Man habe das am »Harvard Test of Inflected Acquisition« messen können. Am Ende des Schuljahres waren diese Schüler in allen Fächern, von Sprachen über Kunst bis hin zu Mathematik, deutlich besser als der Klassendurchschnitt. Der Test war erfunden; die Schüler waren willkürlich ausgesucht. Verändert hatte sich allein der Blick der Lehrer: Bedingt durch deren Fokus auf die Stärken der Schüler hatten sich die Kinder so enorm verbessert.

Auch der Harvard-Professor J. Sterling Livingston widmete sich dem Fokus-Phänomen in einem Test, allerdings nicht mit Schülern, sondern im Arbeitskontext: In seinem Versuch wurde Führungskräften erzählt, dass bestimmte – letztlich willkürlich ausgesuchte – Mitarbeiter in bestimmten Testverfahren besonders gut abgeschnitten hätten. Es trat der gleiche Effekt ein: Die vermeintlichen Überflieger-Mitarbeiter lieferten deutlich bessere Ergebnisse ab und machten signifikant schneller Karriere.

Halten wir den Schluss daraus in anderen Worten fest: Ob und wie Sie als Führungskraft die Talente Ihrer Mitarbeiter erkennen und würdigen, hat enormen Einfluss auf deren Leistung.

Das US-Unternehmen Gallup erhebt Daten, veranstaltet Workshops und veröffentlicht Untersuchungen zu stärkenfokussierter

Führung und Organisationsentwicklung. Aus einer großen Studie mit rund 50.000 beteiligten Unternehmen aus sieben unterschiedlichen Branchen und 45 Ländern hat das Institut überzeugendes Zahlenmaterial zu den Effekten von stärkenorientierter Führung und Entwicklung gewonnen:

- 10 bis 19 % mehr Umsatz,
- 14 bis 29 % mehr Gewinn,
- 3 bis 7 % höhere Kundenzufriedenheit,
- 9 bis 15 % stärkeres Mitarbeiterengagement,
- 22 bis 59 % (!) weniger Arbeitsunfälle.

Hier noch ein wenig mehr überzeugende Erkenntnisse aus der Stärkenforschung: Wer seine eigenen Stärken und die seiner Mitarbeiter kennt und fördert,

- fühlt sich gesünder und energiegeladener,
- ist zufriedener mit der eigenen Arbeits- und Lebenssituation,
- ist resilienter gegen Stress und optimistischer in Krisensituationen,
- erlebt positive Emotionen wie Freude, Interesse etc. häufiger und intensiver,
- engagiert sich stärker im Privat- wie auch Berufsleben,
- erlebt das eigene Tun und Leben als sinnvoller,
- lebt in stabileren und zufriedenstellenderen Partnerschaften.

Welche Stärken es gibt

Welche Stärken gibt es überhaupt? Wie lassen sie sich kategorisieren und unterscheiden? Um Fragen wie diese geht es in diesem Kapitel. Sie lernen hier Tests und Kataloge kennen, die es Ihnen leichter machen, Ihre Stärken zu erforschen, so unter anderem

- das VIA-Stärken-Inventar,
- das Strengths Profile,
- den Strengths Finder.

Das VIA-Stärken-Inventar

Jeder Mensch hat (in der Regel) zwei Augen, zwei Ohren, zwei Hände. Und doch gleicht kein Auge komplett einem anderen, ist jedes Ohr verschieden, ist jeder Fingerabdruck einmalig.

So ähnlich ist es mit den Stärken: Jeder und jede von uns verfügt über eine ganz persönliche Konfiguration aus Können, Talenten, Stärken. Und jeder Mensch benennt sie ein wenig anders. Für die eine ist es eher die »Präzision«, die ihre Art des Arbeitens ausmacht, für den anderen ist es »Genauigkeit«, für die übernächste »Korrektheit« etc.

Und jede Kultur kennt ihre eigenen Stärken: Der Bayer spricht von »Schneid«, wenn er von einer Mischung aus Mut, Ehrlichkeit, Trotzigkeit spricht. Der Finne von »Sisu«, wenn er entschlossenes, stoisches, selbstgewisses Durchhaltevermögen meint. Im Jiddischen ist »Chutzpe« eine Mischung aus Schläue, Charme, Hartnäckigkeit und Unverfrorenheit.

Wenn wir zum Arzt gehen und es hier zwickt oder dort schmerzt, gibt es nach der Anamnese eine Diagnose, und zwar immer die gleiche, ob wir nun bei einem Mediziner in Füssen oder Flensburg, in Feuerland oder auf den Faröer Inseln sind. Das liegt daran, dass es seit langem einen international abgestimmten, einheitlichen, wissenschaftlich definierten Katalog an Krankheiten, Störungen, Mängeln gibt, nämlich die internationale statistische Klassifikation der Krankheiten ICD. Was es lange Zeit nicht gab: einen Katalog der Tugenden, Stärken, Qualitäten – und damit auch kein gängiges Vokabular, um über positive Eigenschaften und Charakterzüge zu sprechen. Das mag wiederum an unserem Hang zum Negativen liegen. Der Wissenschaftler David Myers hat im Jahr 2000 das Zahlenverhältnis zwischen Studien über positive emotionale Erfahrungen (wie Glück, Freude, Interesse oder Stärkenfokus) und jenen über Traurigkeit, Angst und andere Negativ-Erfahrungen untersucht. Das Ergebnis seiner Forschungsarbeit: Auf jede Studie über positive Empfindungen kamen 21 Untersuchungen zu negativen Erfahrungen.

1999 wurde unter der Führung der beiden US-amerikanischen Professoren Martin Seligman und Chris Peterson eine Gruppe aus fast 60 Wissenschaftlern aus der ganzen Welt zusammengerufen, um gemeinsam Antworten auf folgende Fragen zu finden: Was ist das Beste an menschlichen Wesen? Welche wichtigsten Qualitäten machen uns aus? Welche Charakteristika finden sich in jeder Person, egal wo auf der Welt?

Die Forschungsgruppe studierte unzählige Texte von Philosophen, Theologen und Organisationen, die von Tugenden, Stärken und positiven Qualitäten handelten. Die Werke von Aristoteles und der anderen antiken Griechen wurden dabei durchforscht, genauso wie das geltende Pfadfinderhandbuch, die Bibel und andere Schriften der großen Weltreligionen. Wissenschaftliche Texte wie jene von Abraham Maslow und die Schriften Thomas von Aquins wurden ebenso ausführlich analysiert wie Nachrufe, Grabinschriften und sogar Popsongs. Forscher befragten kenianische Massai genauso wie grönländische Inuit zu den Stärken in ihrer jeweiligen Kultur. Selbst das Klingonische, die Kunstsprache in »Star Trek«, wurde auf positive Züge hin abgeklopft.

Aus alldem kondensierten die Wissenschaftler 24 Tugenden, die als messbar, moralisch wertvoll und in sich befriedigend gelten, und zwar möglichst in allen Kulturbereichen. Sie wurden im VIA-Stärkeninventar zusammengefasst. Auch heute noch ist es der am weitesten verbreitete und am besten untersuchte Stärkenkatalog.

Die 24 VIA-Stärken im Überblick

Von A bis Z: eine Übersicht über die VIA-Stärken	
Beharrlichkeit	Liebe zum Lernen
Bindungsfähigkeit/Liebe	Neugier
Dankbarkeit	Perspektive/Weisheit
Demut/Bescheidenheit	Selbstregulation
Ehrlichkeit	Sinn für das Schöne & Exzellenz
Elan	Soziale Intelligenz
Freundlichkeit	Spiritualität/Sinnempfinden
Führung	Tapferkeit/Mut
Gerechtigkeit	Teamarbeit
Hoffnung	Urteilsvermögen
Humor	Vergebungsbereitschaft/Gnade
Kreativität	Vorsicht

Mit einigen dieser Begriffe werden Sie sich leichter anfreunden können als mit anderen. Was aber genau mit den Stärkenbeschreibungen gemeint ist und vor allem, wie stark bei Ihnen die 24 Qualitäten ausgeprägt sind und von Ihnen gelebt werden, können Sie in einem kostenlosen Testverfahren herausfinden, das Wissenschaftler in einer Kooperation der Deutschen Gesellschaft für Positive Psychologie, der Freien Universität Berlin und der Universität Potsdam aufgelegt haben (www.gluecksforscher.de). In englischer Sprache ist der Test via www.viacharacter.org/survey verfügbar.

Auch wenn die VIA-Klassifizierung von überwiegend US-amerikanischen Forschern entwickelt wurde, bestätigen Studienergebnisse, dass die Stärken auch in anderen, sehr unterschiedlichen Kulturen hoch angesehen sind. Zu den Top 4 der beliebtesten Stärken weltweit gehören übrigens

1. Ehrlichkeit
2. Fairness
3. Freundlichkeit
4. Urteilsvermögen

In unterschiedlichen Kulturen auf den letzten Plätzen liegen jeweils

1. Selbstregulation
2. Bescheidenheit
3. Vorsicht
4. Spiritualität
5. Elan

Die VIA-Stärken im Detail

In Coachings und Seminaren stelle ich immer wieder fest, dass so mancher oder manche zunächst Schwierigkeiten mit der ein oder anderen VIA-Stärke hat. Um es Ihnen leichter zu machen, habe ich in den folgenden Beschreibungen daher so einiges Hilfreiches ergänzt, so z. B. mögliche Vorbilder, typische Sätze, die die jeweilige Stärke symbolisieren, und Hinweise, die Sie für eine Übertreibung derselben sensibilisieren.

Beharrlichkeit

Ausdauer und Beharrlichkeit tragen entscheidend dazu bei, Begonnenes zu Ende zu führen. Menschen, die über diese Stärke verfügen, haben die Fähigkeit, auch gegen Widerstände die Arbeit an anstrengenden und aufwendigen Zielen und Prozessen durchzuhalten. Durchhaltefähige Menschen verlieren persönliche Ziele auch über einen längeren Zeitraum nicht aus den Augen.

Mögliche Vorbilder

Als Vorbilder für Beharrlichkeit können zahlreiche Sportlerinnen und Sportler, vor allem im Ausdauerbereich oder aus dem Bergsport, dienen.

Ein typischer Satz

»Ich mache weiter, auch wenn andere schon längst aufgegeben haben!«

Nicht übertreiben!

Sehr zähe und beharrliche Menschen verpassen manchmal den Moment, um eine Sache zu beenden oder zumindest zu pausieren. Das kann dazu führen, dass sie sich zu sehr überlasten oder dass sie an Ideen festhalten, die sich im Lauf der Zeit überholt haben.

Bindungsfähigkeit, Liebe

Bindungsfähigkeit oder Liebe beschreibt die Kapazität, langfristige und stabile menschliche Beziehungen herstellen und aufrechterhalten zu können. Die Stärke umfasst die Fähigkeit, anderen Menschen Freundschaft, Liebe und Zuneigung zu schenken und diese selbst zu empfangen. Liebende Menschen sind in der Lage, persönliche Beziehungen auch unter schwierigen Bedingungen aufrechtzuerhalten.

Mögliche Vorbilder

Als Jugendlicher hat mich die Geschichte des Unternehmers Oskar Schindler sehr bewegt, der aus seinem Mitgefühl heraus über 1.000 jüdische Zwangsarbeiter vor dem sicheren Tod im Vernichtungslager bewahrt hat.

Ein typischer Satz

»Ich will, dass es allen gutgeht!«

Nicht übertreiben!

Ein Zuviel an Bindungsfähigkeit kann in Selbstüberforderung und mangelnder Konfliktfähigkeit münden: Wer immer und stets fürsorglich für andere da ist, kann sich häufig schwer abgrenzen. Er tut sich in der Regel auch nicht leicht damit, Konflikte anzusprechen, auszutragen und auszuhalten.

Demut, Bescheidenheit

Bescheidene Menschen sehen ihre eigenen Leistungen als Selbstverständlichkeit an und streben nicht nach der Bestätigung von außen. Bescheidenheit ist die persönliche Entscheidung, nach der Erfüllung von Aufgaben weniger Zuwendung von außen zu beanspruchen, als einem aus der Sicht anderer zusteht. Das schließt ein, eigene Leistungen in einer Gruppe nicht herauszustellen oder besonders zu betonen, sondern als selbstverständlichen Beitrag zum großen Ganzen zu sehen.

Mögliche Vorbilder

Holz- statt Goldkreuz um den Hals, meist das schlichte weiße Messgewand am Leib, die private Sommerresidenz zum öffentlichen Museum umgebaut: Papst Franziskus zeigte sich sofort nach seiner Wahl 2013 als bescheidenes, demütiges Kirchenoberhaupt, dem jedes Trara zuwider schien.

Ein typischer Satz

»Ach, das hätte jeder andere an meiner Stelle doch auch gemacht ...«

Nicht übertreiben!

Wer sein Licht stets unter den Scheffel stellt, kann vielleicht die eigenen Errungenschaften und Leistungen nicht wertschätzen – und ist auch möglicherweise Mitarbeitern oder Kindern hier nicht das beste Vorbild.

Dankbarkeit

Dankbarkeit ist ein tiefes Gefühl der Wertschätzung für die Hilfe und Unterstützung, die man in seinem Leben von Dritten erfahren hat. Dankbare Menschen nehmen das Gute, das ihnen im Leben widerfährt, nicht als selbstverständlich hin. Wer über diese Stärke verfügt, nimmt auch ganz bewusst wahr, was gut funktioniert – und weiß, dass sich das Leben jederzeit ändern kann.

Mögliche Vorbilder

Der amerikanische Autor A. J. Jacobs hat mit »Tausend Dank« ein aufwendiges Experiment gestartet und daraus ein Buch gemacht: Er hat 1.000 Leute aufgesucht, die an der Entstehung seiner morgendlichen Tasse Kaffe beteiligt sind, vom Bohnenbauer über den Truckhersteller bis hin zur Servierkraft in seiner Kaffeebar.

Ein typischer Satz

»Ich bin auch dann dankbar, wenn andere das am wenigsten erwarten würden.«

Nicht übertreiben!

Wer sich viel und intensiv bedankt, kann auf Menschen, die mit dieser Stärke (noch) nicht viel anfangen können, möglicherweise nur wenig authentisch oder unecht wirken.

Ehrlichkeit

Ehrliche Menschen stehen zu jeder Zeit zu den eigenen Überzeugungen. Sie sind bereit, diese auch gegen Widerstände zu verteidigen. Menschen mit dieser Stärke stehen selbst dann für ihre Überzeugungen ein, wenn es ihnen zum persönlichen Nachteil gereicht. Zur Ehrlichkeit gehört auch das Bewusstsein über die Begrenztheit des eigenen Wissens und der eigenen Erfahrung.

Mögliche Vorbilder

Als ein Freund von mir bei einer Familienfeier meine Mutter mit den Worten »Schön, Sie mal kennenzulernen« begrüßte, entgegnete sie: »Sie glauben doch nicht, dass Sie mich hier in den paar Stunden kennenlernen, oder?« Mir fällt kein Mensch ein, der ehrlicher und mehr geradeheraus war als sie. Mit allen Konsequenzen ...

Ein typischer Satz

»Ich sage die Dinge so, wie ich sie sehe – egal ob es den anderen passt oder nicht.«

Nicht übertreiben!

Schonungslose Ehrlichkeit kann andere verletzen und Irritationen erzeugen – und auch als ziemlich unsensibel empfunden werden.

Elan

Menschen mit dieser Stärke begegnen dem Leben mit Begeisterung. Sie haben die Fähigkeit, andere mitzureißen und sprühen vor Energie. Ihre Lebensfreude wirkt oft ansteckend.

Mögliche Vorbilder

Im Unterschied zum gemütlichen Obelix ist Asterix ein Ausbund an Elan und Enthusiasmus.

Ein typischer Satz

»Packen wir es an!«

Nicht übertreiben!

Nachdenklichere Menschen kann das schnelle und entschlossene Handeln ohne Zögern und Zaudern einschüchtern. Und: Wer ohne Momente des Nachdenkens und Innehaltens immer sofort handelt, macht auch ab und an Fehler.

Freundlichkeit

Freundlichkeit setzt Offenheit und Direktheit gegenüber anderen voraus. Auch Hilfsbereitschaft ist für freundliche Menschen ganz selbstverständlich. Menschen mit dieser Stärke erwarten für ihre Hilfe und Unterstützung keine Gegenleistungen.

Mögliche Vorbilder
Die ehemalige First Lady Michelle Obama ist für viele ein Ideal an Freundlichkeit und Toleranz, auch durch ihre Freundschaft mit Menschen aus dem anderen politischen Lager.

Ein typischer Satz
»Aber sehr gerne doch!«

Nicht übertreiben!
Die grenzenlose Akzeptanz sämtlicher Verhaltensweisen anderer hilft den Menschen manchmal weniger weiter, als offen und ehrlich Grenzen zu setzen.

Führung

Wer Führungsvermögen hat, ist auch in komplizierten Situationen handlungsfähig und kann andere dazu motivieren, gleichfalls aktiv zu werden. Menschen mit stark ausgeprägtem Führungsvermögen haben klare Vorstellungen über die anzustrebenden Ziele und die dabei anzuwendenden Methoden. Sie sind zudem bereit dazu, als Beispiel und Vorbild für andere voranzugehen.

> Aus meiner Sicht sollte diese Stärke eher »Motivation« oder »Inspirationsfähigkeit« heißen. Um andere gut zu führen, braucht es nämlich eine ausgewogene Mischung aus sehr unterschiedlichen Stärken.

Mögliche Vorbilder

Man mag mit ihren politischen Einstellungen mehr oder weniger übereinstimmen, aber die britische Premierministerin Margaret Thatcher galt für ihre Klarheit und Entschlossenheit bei vielen als Symbolfigur für Durchsetzungs- und Führungsvermögen.

Ein typischer Satz

»Wir machen das jetzt so!«

Nicht übertreiben!

Wer ein stark ausgeprägtes Führungsvermögen hat, muss mit Widerständen von anderen rechnen. Nicht jeder lässt sich gerne führen. Und so mancher ist frustriert, wenn seine Ideen und Lösungsvorschläge möglicherweise nicht zum Tragen kommen, weil der Führende sie übersieht oder übergeht.

Gerechtigkeit

Gerechtigkeit setzt die Bereitschaft voraus, andere Menschen so zu behandeln, wie man selbst behandelt werden möchte. Fairness heißt, anderen Menschen unabhängig von persönlicher Sympathie gleich zu begegnen. Wer gerecht ist, sucht und nutzt keine unberechtigten persönlichen Vorteile, sondern setzt sich dafür ein, dass jeder profitiert und niemand benachteiligt wird.

Mögliche Vorbilder

Wer Viktor Frankls Buch »Ja zum Leben sagen« liest, erfährt, wie ausgewogen, differenziert und fair der jüdische Arzt über die Aufseher jener fünf Konzentrationslager dachte, in denen er und seine Mitinsassen misshandelt und gequält wurden. Für mich ein tief beeindruckendes Beispiel an Fairness.

Ein typischer Satz
»Jeder bekommt hier gleich viel.«

Nicht übertreiben!
Nicht in jeder Lebenslage lässt sich mit vertretbarem Aufwand ein Optimum an Fairness herstellen. Zudem kann ein ausgeprägter Sinn für Fairness auf andere wie Prinzipienreiterei und mangelnder Pragmatismus wirken.

Hoffnung

Hoffnungsvolle Menschen sind getragen von der Grundüberzeugung, dass sich letztendlich immer alles zum Guten wendet. Sie sind sich sicher, dass alles einen Sinn hat, und erleben Rückschläge als Herausforderungen. Menschen mit der Stärke Hoffnung geben auch bei erheblichen Widerständen nicht auf.

Mögliche Vorbilder
Astrid Lindgren schuf mit Pippi Langstrumpf ein Muster an Zuversicht: »Das habe ich noch nie vorher versucht, also bin ich völlig sicher, dass ich es schaffe.«

Ein typischer Satz
»Das wird schon klappen!«

Nicht übertreiben!

Gerade in Krisensituationen brauchen Menschen häufig erst einmal das Gefühl, gesehen und gehört zu werden in ihrer Not. Sie müssen zunächst selbst das »Tal der Tränen« durchwandern, ehe sie empfänglich sind für Hoffnung und Zuversicht.

Humor

Menschen mit Humor können in jede Situation Leichtigkeit bringen. Sie sind in der Lage, mit ihrem Humor Verbundenheit zu stiften. Auch in schwierigen Situationen bewahren sie ihre durch Leichtigkeit geprägte Grundhaltung. Das ist übrigens eine jener Stärken, die besonders vielen Menschen zunächst gar nicht als wirklich wertvolle Stärke bewusst ist.

Mögliche Vorbilder

Heinz Erhardt, Didi Hallervorden, Anke Engelke, Carolin Kebekus: Jede Generation hat ihre humoristischen Idole, die auch in trüben Zeiten ein Lächeln ins Gesicht zaubern können.

Ein typischer Satz

»Ich nehme mich nicht ernster als nötig.«

Nicht übertreiben!

Je düsterer die Lage und je zynischer der Humor, desto mehr Menschen mag es geben, die dadurch irritiert sind und so vielleicht noch viel tiefer in ihr schwarzes Loch aus Trauer und Verzweiflung abrutschen.

Diejenigen, die eher spielerisch oder humorvoll durch die Welt gehen, werden möglicherweise nicht ganz für voll genommen, wenn es ihnen ernst ist.

Kreativität

Kreativität beschreibt im Wesentlichen den Charakterzug, neue und unerprobte Wege zu suchen und zu gehen. Einfallsreiche Menschen sind in der Lage, andere Sichtweisen auf Dinge und Prozesse zu entwickeln. Sie haben Freude und Spaß an neuen Ideen, Ausdrucksformen, Farben oder Tönen.

Mögliche Vorbilder
Mit ihren wilden, grotesken, abwechslungsreichen Kostümen, Shows und Songs hat Lady Gaga Menschen auf der ganzen Welt zu mehr Kreativität ermutigt.

Ein typischer Satz
»Warum nicht mal ganz anders?«

Nicht übertreiben!
Wer stets auf der Suche nach neuen Wegen und Projekten ist, stresst jene, die mehr Vorhersehbarkeit oder mehr Zeit für Veränderungen brauchen.

Liebe zum Lernen

Liebe zum Lernen beschreibt die Leidenschaft, systematisch neues Wissen anzusammeln. Menschen mit dieser Stärke empfinden Spaß und Genugtuung, wenn sie sich neue Wissensgebiete und Fertigkeiten aneignen. Wer Forschergeist hat und lebt, empfindet Achtung und Wertschätzung dafür, sich ein Leben lang weiterentwickeln zu können. Diese Stärke ist eng verwandt mit der Neugier, hat aber eine eher handlungsorientierte und systematische Komponente als diese.

Mögliche Vorbilder

Der Film »Elemente des Lebens« (im englischen Original: »Radioactive«) ist nur mäßig sehenswert. Was von ihm nachdrücklich im Gedächtnis bleibt, ist aber, wie radikal die Heldin dieser Filmbiografie, die Doppel-Nobelpreisträgerin Marie Curie, ihr Leben der Erforschung der Radioaktivität verschreibt.

Ein typischer Satz

»Ich will das jetzt verstehen ...«

Nicht übertreiben!

Wer zu viel von dieser Stärke besitzt und über einen nie zu stillenden Forschungs- und Wissensdurst verfügt, neigt dazu, sich und andere zu überfordern.

Neugier

Menschen mit dieser Stärke haben Lust am Fragen und am Finden von Antworten. Sie sind offen für Veränderungen und abweichende Meinungen und haben Freude an neuen Entdeckungen und Einsichten.

Mögliche Vorbilder

Als Kinder sind wohl die allermeisten von uns extrem neugierig auf neue Erfahrungen gewesen – bis uns die Erwachsenen beigebracht haben, nicht zu neugierig zu sein ...

Ein typischer Satz

»Wieso, weshalb, warum?«

Nicht übertreiben!

Wer stets nach Neuem giert, hat womöglich Schwierigkeiten, einmal Angefangenes wirklich abzuschließen und zu erledigen.

Perspektive, Weisheit

Wer über diese Stärke verfügt, ist tief überzeugt von der Sinnhaftigkeit des Seins und des menschlichen Lebens. Weisheit ist nicht nur Wissen kombiniert mit Erfahrung, sie umfasst auch die Fähigkeit, andere Menschen an diesem Schatz teilhaben zu lassen. Weise Menschen werden häufig um Rat gebeten und sind nicht selten eine moralische Autorität für andere.

Mögliche Vorbilder

Vor allem in Geschichten und Filmen finden wir Heldenfiguren, bei denen diese Stärke sehr ausgeprägt ist, so beispielsweise beim weisen Gandalf, der in »Herr der Ringe« um- und weitsichtig das Geschehen lenkt, oder auch beim noch weiseren Yoda in »Star Wars«.

Nicht übertreiben!

Auch der weiseste Ratschlag kann ein Schlag sein, der nicht für alle und immer passend sein mag.

Selbstregulation

Menschen mit dieser Stärke können ihre eigenen Gefühle beherrschen und sind damit auch in emotional sehr herausfordernden Situationen handlungsfähig. Sie kontrollieren die eigene Betroffenheit, bewahren Ruhe und einen kühlen Kopf. Wer über diese Stärke verfügt, vermittelt anderen auch in brenzligen Situationen ein Gefühl der Sicherheit.

Mögliche Vorbilder

Wenn Vögel einem Piloten beim Anflug auf einen Großstadtflughafen beide Triebwerke seines Airbus lahmlegen, dann hat er allen Grund zur Panik. Außer er ist Chesley B. Sullenberger, der am 15. Januar 2009 den US Airways-Flug 1549 mit einer meisterhaften Wasserlandung auf dem Hudson River beendete – und die sinkende Maschine erst dann verließ, als er in zwei Rundgängen sichergestellt hatte, dass sämtliche 155 Passagiere von Bord waren.

Ein typischer Satz

»Es wird nichts so heiß gegessen, wie es gekocht wird.«

Nicht übertreiben!

Emotionaler ausgeprägte Menschen empfinden sehr stark selbstregulierte Zeitgenossen häufig als übertrieben rational und »kalt«.

Sinn für das Schöne, Exzellenz

Diese Stärke beschreibt die Fähigkeit, das Schöne und Erhabene im Leben wahrzunehmen und wertzuschätzen. Menschen mit einem ausgeprägten Sinn für das Schöne können sich an der Natur oder Kunst erfreuen und sie bewusst genießen. Häufig gestalten Menschen mit dieser Stärke bewusst ihre Umgebung, um sie zu einem schöneren Ort zu machen.

Mögliche Vorbilder

Da ich in Sichtweite von Schloss Neuschwanstein aufgewachsen bin, muss ich bei dieser Stärke sofort an König Ludwig II. denken. Beim Bau seiner Schlösser war ihm das Beste gerade gut genug und das Schönste gerade schön genug.

Ein typischer Satz

»Das Bessere ist Feind des Guten.«

Nicht übertreiben!

Menschen mit einem ausgeprägten Sinn für das Schöne wird gerne auch mal Oberflächlichkeit unterstellt.

Das ewige Streben nach Perfektion kann sehr anstrengend sein. Gelegentlich schadet es nicht, sich auch mit dem Rost, den Knickfalten und den Beulen des Lebens anzufreunden.

Soziale Intelligenz

Soziale Intelligenz ist die Fähigkeit, sich in die Gedanken- und Gefühlswelt anderer hineinversetzen zu können. Empathischen Menschen fällt es leicht, auf die Gedanken, Gefühle und Bedürfnisse anderer einzugehen. Sie sind in der Lage, Bedürfnisse und Wünsche von anderen einzuschätzen – unabhängig von deren Bildung oder sozialer Stellung.

Mögliche Vorbilder
Viele Beispiele für soziale Intelligenz sehen wir täglich auf Sportplätzen: Der Fußballspieler, der nach dem Sieg der eigenen Mannschaft den traurigen Gegenspieler tröstend in den Arm nimmt und ihm Worte der Anerkennung zuspricht. Die Trainerin, die ihrem Schützling nach dem zehnten Fehlversuch aufmunternd auf die Schultern klopft.

Ein typischer Satz
»Ich kann gut nachfühlen, dass du deswegen traurig/wütend/ enttäuscht bist.«

Nicht übertreiben!
Bei sehr empathischen Menschen kann das eigene Wohl ins Hintertreffen geraten.

Autonome und grenzbewusste Zeitgenossen können ein Zuviel an Hilfsbereitschaft als Übergriffigkeit empfinden.

Spiritualität, Sinnempfinden

Spiritualität beinhaltet die tiefe Überzeugung, Teil von etwas Größerem zu sein. Sie umfasst die Bereitschaft zu akzeptieren, dass es Dinge außerhalb unseres rationalen Denkens gibt, die unser Leben bereichern und sinnvoller machen. Spiritualität oder Sinnempfinden kann mit Religiosität einhergehen, ist aber nicht darauf beschränkt.

Mögliche Vorbilder

Als spirituelles Oberhaupt des tibetischen Buddhismus ist der aktuelle Dalai Lama einerseits ein naheliegendes Sinnbild der Spiritualität. Mit seinen Äußerungen zu Umwelt- und wirtschaftlichen Themen oder zu Fragen der Gleichberechtigung von Frau und Mann sowie mit seinem Interesse an wissenschaftlicher Erkenntnis – zum Beispiel an Neurowissenschaften – verkörpert er andererseits eine durchaus weltzugewandte Form von Spiritualität, die alles andere als abgehoben oder esoterisch ist.

Ein typischer Satz

»Wer weiß, wozu das gut ist!«

Nicht übertreiben!

Vorsicht bei Menschen, denen schon alleine das Reden von Spiritualität, Transzendenz oder Sinnhaftigkeit als spinnert erscheinen mag. Vielleicht sind diese eher mit Worten erreichbar, die Ähnliches meinen, aber aus der Welt der Zahlen, Daten und Fakten stammen.

Tapferkeit, Mut

Tapfere Menschen suchen Herausforderungen und nehmen diese an. Mutige handeln trotz eigener Ängste oder Bedenken, wenn sie von der Sinnhaftigkeit ihrer Sache überzeugt sind. Wer tapfer ist, steht auch unter physischem und psychischem Druck zu seinen Ansichten und Überzeugungen.

Mögliche Vorbilder

Die Entschlossenheit einer Sophie Scholl, der Mitbegründerin der Widerstandsbewegung »Die weiße Rose«, der stille, aber nachhaltige Protest der Madres de la Plaza de Mayo während der argentinischen Militärdiktatur, aber auch die Beharrlichkeit einer Greta Thunberg – all diese Frauen sind für mich weibliche Vorbilder dieser häufig männlich konnotierten Stärke.

Ein typischer Satz

»Mut heißt, Todesangst zu haben und trotzdem in den Sattel zu steigen.« (John Wayne)

Nicht übertreiben!

Stark ausgeprägter Mut kann in Tollkühnheit und Übermut münden. Das mag in Filmen gut ausgehen, im wahren Leben nicht unbedingt.

Wer mutig ist, überhört schnell auch mal zaghaftere Menschen, die mit ihren Zweifeln und Bedenken vielleicht manchmal bedenkenswerte Einwände vorzubringen haben.

Teamarbeit

Teamfähige Menschen können sich gut in eine Gruppe einordnen um gemeinsame Ziele zu realisieren. Wer teamfähig ist, bringt sich und seine Kompetenzen und Fähigkeiten in den Teamprozess ein und stellt die eigenen Bedürfnisse hintenan. Teamfähigkeit bedeutet auch, einen aktiven Beitrag zur Entwicklung eines Gruppengefühls zu leisten, um so die Ziele des Teams besser und schneller zu erreichen.

Mögliche Vorbilder

Ohne Scottie Pippen, den unermüdlichen und bescheidenen Allroundspieler mit der Nummer 33 auf der Brust, hätten weder Michael Jordan und seine Chicago Bulls sechs Mal den NBA-Titel geholt, noch das amerikanische »Dream Team« bei den olympischen Spielen in Barcelona 1992 so auftrumpfen können.

Ein typischer Satz

»Gemeinsam sind wir stärker!«

Nicht übertreiben!

Wer sich unermüdlich nur für andere einsetzt, läuft Gefahr, auszubrennen und sein eigenes Profil zu verlieren.

Urteilsvermögen, kritisches Denken

Kritisch denkende, stark analytische Menschen sind bereit und in der Lage, Vorurteile zu überprüfen und gegebenenfalls zu revidieren. Wer Urteilsvermögen hat, betrachtet Neues als persönlichen Gewinn und ist bereit, sich auf neue Erfahrungen und Entwicklungen einzulassen.

Mögliche Vorbilder

Erst war er gegen eine Schließung der Schulen, dann – nach neuen Studienerkenntnissen – dafür, erst hielt er die Warnungen vor der englischen Mutante für übertrieben, nach genauerer Analyse der Zahlen für doch berechtigt: Der Berliner Virologe Christian Drosten verkörperte in der Corona-Pandemie zu 100 Prozent den nachdenklichen, abwägenden, sich selbst revidierenden Wissenschaftler.

Ein typischer Satz

»Ich will mir da kein vorschnelles Urteil erlauben!«

Nicht übertreiben!

Wer alles und ständig abwägt, durchleuchtet und analysiert, kommt vor lauter Suche nach einer perfekten Einschätzung von Lage und Handlungsmöglichkeiten nicht oder nur schwer ins Tun.

Vergebungsbereitschaft, Gnade

Vergebungsbereitschaft bedeutet, jedem das Recht zuzugestehen, Fehler zu machen und Irrtümer zu begehen. Versöhnliche Menschen können anderen Fehler und Irrtümer verzeihen. Wer über diese Stärke verfügt, hat zugleich ein entwicklungsorientiertes Menschenbild, das davon ausgeht, dass sich Menschen ändern können und in Zukunft anders handeln. Vergebungsbereite Menschen verzeihen anderen auch dann, wenn sie selbst Schaden erlitten haben. Diese Stärke ruft im beruflichen Kontext gelegentlich zunächst Stirnrunzeln hervor. Ist sie an Lernbereitschaft und Fehlerkultur geknüpft, erfährt sie schnell Wertschätzung bei anderen.

Mögliche Vorbilder
Auch hier können wir uns Kinder zum Vorbild nehmen: Eben gerade noch haben sie sich im Streit um die Schaukel schier die Augen ausgehackt – und schon hat einer die Hand ausgestreckt und sie spielen wieder miteinander im Sandkasten.

Ein typischer Satz
»Nobody's perfect!«

Nicht übertreiben!
Ein Übermaß an Versöhnlichkeit droht jede Form von Verantwortungsübernahme und Klarheit zu verhindern.

Vorsicht

Vorsichtige Menschen prüfen stets alle zur Verfügung stehenden Fakten und Optionen und wägen sie miteinander ab, bevor sie eine Entscheidung treffen. Dabei werden bei der Verfolgung eigener Ziele auch die Interessen des nahen und weiteren

Umfelds berücksichtigt und einbezogen. Vor-, um- und voraussichtige Menschen haben die Risiken anstehender Aufgaben und Entscheidungen im Blick und bemühen sich, diese so gering wie möglich zu halten. Auch diese Stärke ist vielen Menschen häufig zunächst gar nicht als solche bewusst – da sie eher gelernt haben, sich für ihre vermeintliche Zaghaftigkeit und Gründlichkeit zu schämen, als deren Wert zu schätzen.

Mögliche Vorbilder
Die Archetypin der Vorsicht ist wohl die trojanische Königstochter Kassandra aus der Sagenwelt der Alten Griechen. Sie sah stets das Unheil am Horizont, fand aber nie Gehör mit ihren Mahnungen zur Vorsicht.

Ein typischer Satz
»Pass auf, sonst ...«

Nicht übertreiben!
Übertriebene Vorsicht schützt vielleicht vor Gefahren und Risiken, kann aber zur völligen Paralyse führen und jeglichen Tatendrang in der Sorge um mögliche Fehler ersticken.

Dimensionen der VIA-Stärken

Vielleicht hilft es Ihnen als Führungskraft bei der Ein- und Wertschätzung der 24 VIA-Charakterstärken, dass sich diese in unterschiedlichen Kontexten zeigen und nützlich sein können (vgl. auch die nachfolgende Abbildung nach Niemiec, 2018).

Diese Dimensionen werden in der folgenden Matrix durch zwei Achsen symbolisiert:

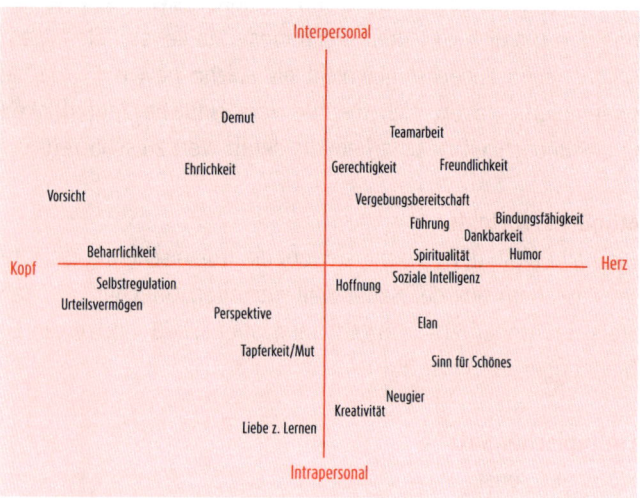

Dimensionen der VIA-Charakterstärken

Jede einzelne Stärke lässt sich entlang dieser beiden Achsen durchdeklinieren und einsortieren – wie hier am Beispiel der Kreativität:

Intrapersonal (Umgang mit sich selbst)	Herz (Gefühle, Körper)
• Ich finde immer neue Wege, Situationen zu betrachten. • Ich kann mich über unterschiedlichste Formen ausdrücken (Bewegung, Musik, Sprache, Zeichnungen …)	• Ich richte mich auf und fühle mich leicht. • Ich vergesse Hunger, Durst etc., wenn ich kreativ bin.

Interpersonal (Umgang mit anderen)	Kopf (Gedanken und Überzeugungen)
<ul><li>Mir fallen unterschiedlichste Dinge ein, die ich mit anderen Menschen realisieren kann.</li><li>Meine Freunde und Kolleginnen schätzen meine vielen Ideen und Ratschläge.</li></ul>	<ul><li>Ich finde leicht andere Blickwinkel und Herangehensweisen für Situationen.</li><li>Statt »Kreativität« habe ich »Buntstiftdenken«, Vielfarbigkeit, ein Chamäleon, einen Werkzeugkasten und tausend andere Dinge im Kopf.</li></ul>

Andere Stärkenkataloge

Es gibt noch zwei weitere Stärkenklassifizierungen, auf die Coaches, Recruiter und andere Expert*innen in ihrer Arbeit gerne zurückgreifen: Das CliftonStrengths-Assessment sowie das Strengths Profile.

CliftonStrengths-Assessment

Der US-amerikanische Psychologe Donald O. Clifton gilt – laut einer Auszeichnung der American Psychological Association – als Vater der Stärkenpsychologie und Großvater der Positiven Psychologie. Er übernahm 1988 das renommierte Umfrage-Institut Gallup und führte 1999 den StrengthsFinder ein, der inzwischen CliftonStrengths-Assessment heißt.

Dieser kostenpflichtige Test lässt sich in unterschiedlichen Sprachen durchführen. Er dauert etwa 35 Minuten. Sein Ergebnis ist eine individuelle Rangreihenfolge aus insgesamt 34 Stärken oder »Talentthemen«, die in vier Kategorien unterteilt sind.

Kategorien	Beschreibung
Durchführung	Helfen bei der Umsetzung von Maßnahmen
Einflussnahme	Helfen bei der Übernahme von Führung
Beziehungsaufbau	Fördern den Aufbau starker sozialer Verbindungen und den Teamzusammenhalt
Strategisches Denken	Helfen bei der Aufnahme und Abwägung unterschiedlicher Informationen

Hier ein Überblick über die 34 Stärken des CliftonStrengths-Assessment.

Die 34 CliftonStrength-Stärken	
Analytisch	Anpassungsfähigkeit
Arrangeur	Autorität
Bedeutsamkeit	Behutsamkeit
Bindungsfähigkeit	Disziplin
Einfühlungsvermögen	Einzelwahrnehmung
Entwicklung	Fokus
Gleichbehandlung	Harmoniestreben
Höchstleistung	Ideensammler
Integrationsbestreben	Intellekt
Kommunikationsfähigkeit	Kontaktfreudigkeit
Kontext	Leistungsorientierung
Positive Einstellung	Selbstbewusstsein
Strategie	Tatkraft
Überzeugung	Verantwortungsgefühl

Die 34 CliftonStrength-Stärken	
Verbundenheit	Vorstellungskraft
Wettbewerbsorientierung	Wiederherstellung
Wissbegier	Zukunftsorientierung

Den CliftonStrengths-Test gibt es sowohl für Einzelpersonen als auch für Führungskräfte und Teams sowie für Lehrkräfte in verschiedenen Ausführungen. Wer ihn macht, kann zwischen unterschiedlichen Auswertungsformaten auswählen. Der kommerziell via gallup.com vertriebene Test wird in vielen Unternehmen als Tool zur Rekrutierung, Führungskräfteentwicklung etc. benutzt. Von den Begrifflichkeiten her passt er ein wenig besser zur Arbeitswelt als das VIA-Inventar. Gallup wird jedoch immer wieder vorgeworfen, dass es die Daten zur wissenschaftlichen Überprüfbarkeit der Testergebnisse Forschern in der Regel nicht zur Verfügung stellt. Zum Vergleich: Die Forschungsdaten des VIA-Stärkeninventars sind öffentlich zugänglich und werden permanent in wissenschaftlichen Journalen publiziert und überprüft.

Auch dass der Test lange Zeit nicht mehr aktualisiert worden ist, schlägt negativ zu Buche. Zudem wird das Zeitlimit von 20 Sekunden pro Aussage/Frage – das soll möglichst intuitive Antworten sichern – von Testteilnehmern gelegentlich als störend empfunden.

Strengths Profile

2009 wurde das Strengths Profile (strengthsprofile.com) von einem Team aus Wissenschaftlern und Beratern unter der Führung von Alex Linley vorgestellt. Es unterscheidet zwischen

60 unterschiedlichen Stärken und macht unter anderem deren Gebrauchshäufigkeit und Energetisierungsniveau sichtbar. Die Stärken sind in fünf übergeordnete Kategorien unterteilt, die sogenannten Stärkenfamilien.

Stärkenfamilien	
Being – Sein	Wie wir uns in der Welt verorten
Communicating – Kommunizieren	Wie wir Information empfangen, verarbeiten und weitergeben
Motivating	Unser Antrieb in Bezug auf konkretes Handeln
Relating – Verbinden	Wie wir Verbindungen knüpfen, halten, verstärken
Thinking – Denken	Wie wir Situationen gedanklich einordnen und angehen

Da es bislang keine übersetzte Version des Strengths Profiles gibt, habe ich die 60 Stärken in der folgenden Tabelle ins Deutsche übertragen. Im Zweifelsfall bin ich von der wörtlichen Übersetzung abgewichen, um den Sinn des Stärkenbegriffs möglichst genau wiederzugeben.

Die 60 Stärken des Strengths Profile im Überblick		
Action (Elan)	Adaptable (anpassungsfähig)	Adherence (Zuverlässigkeit)
Adventure (Risikobereitschaft)	Authenticity (Aufrichtigkeit)	Bounceback (Resilienz)
Catalyst (Begeisterungsfähigkeit)	Centred (ausgeglichen)	Change Agent (Wegbereiter für Wandel)
Compassion (Mitgefühl)	Competitive (wettbewerbsorientiert)	Connector (Verbinder)

Die 60 Stärken des Strengths Profile im Überblick

Counterpoint (Kontrapunkt)	Courage (Mut)	Creativity (Kreativität)
Curiosity (Neugier)	Detail (Gründlichkeit)	Drive (Antrieb)
Emotional Awareness (Einfühlsamkeit)	Empathic (empathisch)	Enabler (Unterstützer)
Equality (Gleichheit)	Esteem Builder (Ermutiger)	Explainer (Veranschaulicher)
Feedback	Gratitude (Dankbarkeit)	Growth (Wachstumsorientierung)
Humility (Bescheidenheit)	Humour	Improver (Optimierer)
Incubator (Durchdenker)	Innovation	Judgement (Ausgewogenheit)
Legacy (Nachhaltigkeitsorientierung)	Listener (Zuhörer)	Mission (Sinnorientierung)
Moral Compass (Moralische Instanz)	Narrator (Erzähler)	Optimism
Organiser (Organisationstalent)	Persistence (Durchhaltefähigkeit)	Personal Responsability (Verantwortungsübernahme)
Personalisation (Überzeugungskraft)	Planner (Planer)	Prevention (Umsicht)
Pride (Exzellenzorientierung)	Rapport Builder (Kontaktfähigkeit)	Relationship Deepener (Treue)
Resilience (Widerstandsfähigkeit)	Resolver (Problemlöser)	Self-awareness (Selbsteinschätzung)
Self-belief (Selbstbewusstsein)	Service (Dienstleistungsorientierung)	Spotlight (im Rampenlicht stehen)
Strategic Awareness (Weitsichtigkeit)	Time Optimiser (Effizienz)	Unconditionality (Verständnis)
Work Ethic (Qualitätsanspruch)	Writer (Schreiber)	

Das Modell schlägt vier Dimensionen im Umgang mit Stärken vor:

1. **Realisierte Stärken** (nutzen wir häufig und gerne): Mittels dieser Stärken bringen wir gute Leistungen, sie energetisieren uns. Wir nutzen sie häufig und sollten sie gelegentlich herunterfahren.

2. **Nichtrealisierte Stärken** (nutzen wir seltener): Dank dieser Stärken bringen wir gute Leistungen. Sie energetisieren uns, doch wir nutzen sie noch zu wenig – und sollten sie häufiger anwenden.

3. **Erlernte Verhaltensweisen** (was wir gut können, aber nicht zwingend gerne tun): Diese Talente ermöglichen gute Leistung, aber sie ziehen uns eher Energie. Wir nutzen sie unterschiedlich häufig und sollten sie nur bei Bedarf anwenden.

4. **Schwächen** (was uns schwerfällt und keine Freude bereitet): In diesen Lebensbereichen zeigen wir schwächere Leistungen, sie rauben uns Energie – und sollten sie seltener anwenden.

Das Strengths Profile gibt Auskunft über Stärken sowohl im Arbeitsleben als auch in persönlichen Lebensbereichen. Es ist als Stärkenkonzept noch nicht so weit verbreitet wie das VIA-Stärkeninventar oder CliftonStrengths. Allerdings stehen hinter seiner Entwicklung sehr erfahrene und renommierte Stärkenforscher wie etwa Robert Biswas-Diener. Die Wirksamkeit des Strenghts Profile wurde mittlerweile in vielen empirischen Studien untersucht und bestätigt. Mit seinen 60 unterschiedlichen

Stärken ist eine feinere Differenzierung möglich als etwa mit den 24 VIA- oder den 34 CliftonStrengths-Stärken. Andererseits sind die Stärken teilweise nicht leicht voneinander zu unterscheiden – zumal der Test bislang nur auf Englisch vorliegt.

Das Strengths Profile ist nicht frei auf dem Markt erhältlich. Es kann nur über zertifizierte Beraterinnen angefordert werden. Das Argument dahinter: Die Stärkenorientierung ist häufig noch so wenig verbreitet, dass Coaching oder Beratung bei der Potenzialentfaltung hilfreich ist. Auch die Unterscheidung zwischen gelebten und ungelebten Stärken, zwischen erlerntem Verhalten und Schwächen erfordert in der Regel die Hilfe einer erfahrenen Beraterin oder eines Coaches.

Machen Sie sich auf die Suche nach Ihren Stärken

Sie haben nun unterschiedliche Konzepte und Auflistungen von Stärken kennengelernt mit all ihren jeweiligen Vorteilen und Möglichkeiten, ihren Stärken sozusagen. Nun geht es darum, sie ganz konkret mit Ihrem Leben und Erleben in Verbindung zu bringen. Dazu schlage ich Ihnen folgende Übung vor.

Reflexionsfragen: Auf der Suche nach Ihren Stärken

Welche Stärken kennen und schätzen Sie an sich selbst? Welche an anderen? Sie können sich auf der Suche nach den Antworten auf diese Fragen bei den oben dargestellten Stärkenverzeichnissen bedienen.

Welche Tugenden würden Sie in Ihr persönliches Stärkenalphabet übernehmen, welche würden Sie ergänzen, ersetzen, umbenennen?

Weil es so weit verbreitet, so leicht zugänglich und so gründlich erforscht ist, werde ich mich in diesem TaschenGuide vor allem am VIA-Stärken-Inventar orientieren. Sie dürfen und sollen dabei aber auch immer die anderen Stärkenkataloge sowie Ihr eigenes Stärken-ABC mit im Hinterkopf behalten.

Wie wir diese und andere Stärken besser erkennen, nutzen und dosieren können, für uns selbst und im Umgang mit anderen – darum geht es im folgenden Kapitel.

Wie Sie Stärken stärken

Wer seine Stärken leben darf, erzielt nicht nur bessere Arbeitsergebnisse, sondern ist auch zufriedener und motivierter. Doch wie gelingt es Ihnen, diese Stärkenorientierung in den Praxisalltag zu transferieren?

In diesem Kapitel erfahren Sie, wie

- Sie Ihre eigenen Stärken leben,
- die Talente Ihrer Mitarbeiter nutzbar machen,
- Impulse für eine stärkenfokussierte Organisation setzen.

Eigene Stärken entdecken und entwickeln

Verschiedene Studien belegen, dass eine höhere Stärkennutzung mit niedrigerem Stresserleben, höherer Arbeits- und Lebenszufriedenheit und anderen Faktoren des Wohlbefindens einhergeht. Das Bewusstmachen von Stärken, der eigenen und der anderer, ist schon mal der erste wichtige Schritt, um sie zu stärken. Doch wie sehr sind wir überhaupt über das im Bilde, worin wir außergewöhnlich gut sind, was unserem »wahren Ich« entspricht?

Stärkenbewusstsein stärken mit SUS

Die Strengths Use Scale, kurz: SUS, ist ein beliebtes psychometrisches Tool, um mehr Bewusstsein für die eigenen Stärken zu schaffen. Es beinhaltet die folgenden 14 Aussagen. Vergeben Sie jeweils einen Wert zwischen 1 (trifft überhaupt nicht zu) und 7 (trifft genau zu).

Fragebogen zur Anwendung von Stärken	Trifft überhaupt nicht zu -> trifft genau zu						
		1	2	3	4	5	6	7
1	Ich bin regelmäßig in der Lage, das zu tun, was ich am besten kann.							
2	Ich mache immer Dinge, die meinen Stärken entsprechen.							
3	Ich versuche stets, meine Stärken einzusetzen.							

Fragebogen zur Anwendung von Stärken

		Trifft überhaupt nicht zu -> trifft genau zu						
		1	2	3	4	5	6	7
4	Durch den Einsatz meiner Stärken erreiche ich, was ich will.							
5	Ich setze meine Stärken jeden Tag ein.							
6	Ich setze meine Stärken ein, um das zu bekommen, was ich vom Leben erwarte.							
7	Meine Arbeit bietet mir viele Möglichkeiten, meine Stärken einzusetzen.							
8	Mein Leben bietet mir die Möglichkeit, meine Stärken auf unterschiedliche Weise einzusetzen.							
9	Meine Stärken einzusetzen ist für mich selbstverständlich.							
10	Ich empfinde es als sehr einfach, meine Stärken einzusetzen.							
11	Ich bin in der Lage, meine Stärken in vielen verschiedenen Situationen einzusetzen.							
12	Die meiste Zeit verbringe ich mit Tätigkeiten, die ich gut kann.							
13	Meine Stärken einzusetzen ist mir vertraut.							
14	Ich bin in der Lage, meine Stärken auf unterschiedliche Art und Weise einzusetzen							

Huber, A., Webb, D., & Höfer, S. (2017). The German Version of the Strengths Use Scale: The Relation of Using Individual Strengths and Well-being. Frontiers in Psychology, 8:637. Supplemental material. doi: 10.3389/fpsyg.2017.00637

Auswertung

Es gibt bei der Einschätzung der Werte natürlich kein Richtig oder Falsch. Aber je höher der von Ihnen eingeschätzte Wert jeweils ist, desto bewusster scheinen Sie sich Ihrer Stärken zu sein und desto mehr können Sie diese in Ihrem Arbeits- und Lebensalltag anwenden. Hier noch ein paar Reflexionsfragen zum Test:

- Worin sehen Sie sich angesichts der Ergebnisse bestätigt?

- Was überrascht Sie?

- In welchen Bereichen Ihres (Berufs-)Lebens bietet es sich an, Ihre Stärken noch bewusster, häufiger und abwechslungsreicher einzusetzen?

- Welche Aufgaben und Zuständigkeiten müssten hinzukommen? Was müsste weniger werden? Was müssten Sie anpassen?

Den VIA-Test machen

Das Leben ist nicht mit Untertiteln versehen, die uns oder andere darauf hinweisen, welche Stärken gerade zum Einsatz kommen. Für viele Menschen ist es daher hilfreich, sich ihr Stärkenrepertoire vor Augen zu führen. Eine Möglichkeit dies zu tun, ist der VIA-Charakterstärkentest. Sie können ihn in diversen Sprachen absolvieren, entweder über www.viacharacter. org oder über www.gluecksforscher.de.

Reflexionsfragen zum VIA-Test
▪ Wie geht es Ihnen, wenn Sie sich die Auswertung des Fragebogens vergegenwärtigen?
▪ Mit welchem Label, Etikett würden Sie die 5 bis 7 Stärken mit den höchsten Werten versehen?
▪ Wie zeigt sich die jeweilige Stärke?
▪ Was haben Sie von der jeweiligen Stärke?
▪ Was haben andere davon, was machen Sie anderen damit leichter oder überhaupt erst möglich?
▪ In welchen Situationen ist die Stärke für wen zu viel? Wie könnten Sie sie moderieren bzw. besser dosieren?

Signaturstärken: unsere Top-Tugenden

Signaturstärken sind jene Stärken, die einen Menschen ganz besonders ausmachen. Im VIA-Test sind es jene fünf bis sieben Charakterstärken, die die Rangliste anführen und bei circa 90 Prozent liegen. Die Signaturstärken zeigen unser wahres Ich. Wir können häufig gar nicht anders, als mit ihnen und durch sie handeln. Individuell wie unser Fingerabdruck sind sie wesentlicher Teil unseres »Markenkerns«. Sie erfüllen uns mit besonders viel Energie. Viele Vorhaben und Projekte, die wir realisieren, haben mit diesen Signaturstärken zu tun.

Jenseits vom oder zusätzlich zum Testergebnis können Sie Ihren Signaturstärken etwa mit folgenden Fragen auf die Spur kommen:

1. Angenommen, Sie müssten auf eine Ihrer Top-Stärken eine Woche oder einen Monat lang verzichten – was würde passieren? (Manche Coachees oder Seminarteilnehmer bekommen bei dieser Frage Herzrasen oder erleben einen Anflug von Schmerz – ein gutes Anzeichen für eine echte Signaturstärke!)

2. Mit welchen Stärken könnten Sie sich einer Person gegenüber beschreiben, die sonst gar nichts von Ihnen weiß?

3. Die Nutzung welcher Stärken erfüllt Sie mit Begeisterung und Elan?

4. Welche Stärken können Sie besonders leicht und mühelos einsetzen?

5. Welche Stärken versetzen Sie regelmäßig in einen Flow-Zustand, wenn sie zum Einsatz kommen?

6. Um welche Stärken herum drehen sich Ihre Herzens- oder Lieblingsaktivitäten?

Stärken erkunden ohne Test

Um über Ihre eigenen Stärken im Bilde zu sein, müssen Sie nicht zwangsläufig den VIA- oder einen anderen formellen Stärkentest machen. Es reichen auch die folgenden Übungen, um ihnen auf die Spur zu kommen. Widmen Sie sich der Übung, die Sie am meisten anspricht.

Stärken-Reflexion

Drei Fragen führen Sie zu Ihren Stärken. Nehmen Sie sich Zeit und beantworten Sie sie in aller Ruhe:

1. Was ist mir in der Vergangenheit besonders gut gelungen?
2. Welche Tätigkeiten machen mir derzeit Freude?
3. Auf welche Projekte, Aufgaben, To-dos freue ich mich in der nahen Zukunft?

Stärkenvorbilder

Denken Sie an Personen, die Sie besonders bewundern. Das können Freundinnen, Verwandte, Kollegen, Vorgesetzte sein oder auch Menschen, die Sie gar nicht persönlich kennen wie etwa Politikerinnen. Genauso als Stärkenvorbilder dienen können fiktive Helden aus Film und Literatur.

- Inwiefern ist diese Person oder Figur ein Vorbild für Sie? Was macht sie besonders toll, was bewundern Sie an ihr?
- Wie äußern sich diese besonderen Eigenschaften und Fähigkeiten?
- Was haben diese Stärken mit Ihnen zu tun? Was wollen Sie genauso machen?

Mein bestes Ich

Nehmen Sie sich Zeit und einen Stift und Zettel. Denken Sie an eine Situation, in der Sie richtig zufrieden waren mit sich. Vielleicht weil Sie etwas getan haben, das Ihnen oder anderen

Freude bereitet hat. Vielleicht weil Sie eine schwierige Situation gut gemeistert haben. Es mag eine größere Krise gewesen sein oder eine ganz kleine Begebenheit, vielleicht waren Sie alleine, vielleicht zusammen mit anderen.

Überlegen Sie nun: Wie hat sich das für Sie angefühlt? Was haben Sie getan, was haben Sie gedacht? Wie haben andere Sie wahrgenommen in jenem Moment oder danach? Was ist anderen an Ihnen aufgefallen? Vergegenwärtigen Sie sich diese Situation möglichst mit allen Sinnen.

Schreiben Sie dazu eine kleine Geschichte, mit einem Anfang, einem Mittelteil und einem – natürlich positiven – Ende, so wie Sie das in der Schule gelernt haben.

Lesen Sie Ihre Erfolgsgeschichte aufmerksam: Welche Ihrer Stärken sind darin zum Tragen gekommen? Notieren Sie die drei bis fünf wichtigsten.

Der Stärkenstammbaum

Auch der Stärkenstammbaum ist eine gute Übung, um die eigenen Stärken kennenzulernen. Skizzieren Sie in groben Zügen einen Familienstammbaum, in den Sie die Antworten auf folgende Fragen eintragen:

Welche Stärken sehe ich bei meinen Eltern, bei meinen Großeltern? Welche Stärken erkenne ich in den Erzählungen meiner

Verwandten? Diese können, müssen aber nichts mit Berufs- und Karrierewegen zu tun haben.

Insbesondere wenn über schwierige Momente und Zeiten erzählt wird (Wirtschaftskrisen, Hungersnöte, Kriege): Welche Stärken und welche Muster an Tugenden werden sichtbar? Welche davon sehen Sie in Ihren Geschwistern? Und welche Stärken haben Sie übernommen von der Mutter, dem Vater, den Großeltern? Welche haben Sie vielleicht gerade in Opposition zu den Eltern entwickelt?

BEISPIEL: DER JUNGE MUSS AN DIE FRISCHE LUFT

Die Familie des achtjährigen Hans-Peter zieht vom Land in die Stadt. Die Mutter wird krank und kränker, es fehlt an Geld. In diesen trüben Umständen entdeckt der Junge sein komödiantisches Talent, mit dem er die Mutter und den Rest der Verwandtschaft zu erheitern versteht. Die Verfilmung der Lebensgeschichte von Hape Kerkeling (»Der Junge muss an die frische Luft«, 2018) ist ein schönes Beispiel für die Entwicklung von Stärken in Antwort auf das aktuelle Lebensumfeld.

Coaching mit Stärkenfokus

Auch ein Coach kann Ihnen bei der Suche nach Ihren Stärken helfen. Viele Menschen sehen Coaching eher als einen Reparaturbetrieb an denn als Möglichkeit, Defizite und Schwächen abzumildern. Wirksames Coaching sollte jedoch stets auch einen Fokus auf Ressourcen und damit auf Talente, Fähigkeiten und Stärken haben.

Nicht jeder Coach ist für ein Stärkencoaching qualifiziert. Erkundigen Sie sich nach einer speziellen Stärkenzertifizierung oder etwa einer entsprechenden Ausbildung und der Anwendung von spezifischen Stärkentools wie Fragebögen, Messinstrumenten etc. Bei Personen, die gemäß den Qualitätsrichtlinien des deutschsprachigen Dachverbandes für Positive Psychologie e. V. (DachPP) zur Anwenderin, zum Berater oder zur Trainerin der Positiven Psychologie oder zum Positive Psychology Coach ausgebildet worden sind, können Sie in der Regel nichts falsch machen (Auflistung unter www.dach-pp.eu).

Typische Anlässe für ein Coaching mit Stärkenansatz sind erfahrungsgemäß die folgenden Situationen:

- Eine größere private oder berufliche Veränderung (Umzug, Familiengründung, Firmenfusion, neue Position ...) steht an.
- Konflikte, Stress und Belastung nehmen zu.

Der Blick auf Kompetenzen und Stärken ist vielen Coachees erst einmal weniger vertraut als die Beschäftigung mit tatsächlichen oder vermeintlichen Problemen. Er lohnt sich jedoch, wie Sie bereits in den Kapiteln zuvor gelesen haben.

360-Grad-Perspektive

Unser Selbstbild und die Wahrnehmung durch andere stimmen häufig nicht überein. Daher ist es sehr aufschlussreich, die beiden Perspektiven miteinander abzugleichen, auch wenn es um Stärken geht. Dazu dient diese 360-Grad-Abfrage. Schicken Sie dazu untenstehenden Listen – auch zum Download unter http://mybook.haufe.de, Buchcode: TGA-HL 12, Kategorie »Management« – an mindestens zehn Personen aus Ihrem beruflichen und privaten Umfeld. Je weiter der Personenkreis – Nachbarn, Kolleginnen, Freunde, Sportkameradinnen etc. –, umso bunter wird Ihr Bild von Ihren Stärken.

> Besonders wenn Bescheidenheit zu Ihren großen Stärken zählt, werden Sie sich vielleicht schwertun mit diesem Unterfangen. Machen Sie sich und anderen klar, wie wertvoll Ihnen das Feedback ist, um besser über sich Bescheid zu wissen.

Für das Ausfüllen des Fragebogens benötigen die Ausgewählten in der Regel nicht mehr als 10 Minuten. Setzen Sie ihnen eine Deadline und bitten Sie um möglichst konkrete Beispiele. Machen Sie auch deutlich, dass es keine richtigen oder falschen Antworten gibt. Betonen Sie, dass es nur um die wichtigsten Charakterstärken geht, die Ihre Feedbackgeber in Ihnen sehen.

Meine 5-Top-Stärken

Die folgende Liste enthält 24 Charakterstärken, die uns allen in unterschiedlicher Ausprägung innewohnen. Welche dieser Stärken machen mich aus Ihrer Sicht in besonderer Weise aus? Bitte kreuzen Sie bis zu fünf Stärken an, die Sie am deutlichsten in mir finden. Wenn Ihnen diese Entscheidung schwerfällt, wählen Sie jene Stärken aus, die aus Ihrer Sicht meine stärksten Qualitäten sind – die am zentralsten für mich stehen, derer ich mich scheinbar mühelos bediene, die mich am meisten zu energetisieren scheinen.

Beharrlichkeit	Liebe zum Lernen
Bindungsfähigkeit/Liebe	Neugier
Dankbarkeit	Perspektive/Weisheit
Demut/Bescheidenheit	Selbstregulation
Ehrlichkeit	Sinn für das Schöne & Exzellenz
Elan	Soziale Intelligenz
Freundlichkeit	Spiritualität/Sinnempfinden
Führung	Soziale Intelligenz
Gerechtigkeit	Tapferkeit/Mut
Hoffnung	Urteilsvermögen
Humor	Vergebungsbereitschaft/Gnade
Kreativität	Vorsicht

Meine 5-Top-Stärken – konkret

Bitte nennen Sie für die 5 Hauptstärken, die Sie in mir sehen und die Sie auf der Liste angekreuzt haben, jeweils eine kurze Erklärung, eine kurze Anekdote oder ein Beispiel, das diese Stärken illustriert.

- Stärke 1:

- Stärke 2:

- Stärke 3:

- Stärke 4:

- Stärke 5:

Auswertung

Nehmen Sie sich Zeit, die Rückmeldungen zu lesen und zu verdauen. Saugen Sie die positiven Kommentare in sich auf, statt sie zu relativieren, wie wir das häufig tun. Denn das sind direkte Beobachtungen von Menschen, die Sie kennen, Sie schätzen, mit Ihnen zu tun haben. Jeder von ihnen sieht seinen Ausschnitt der vollen Wahrheit über Sie – so wie Sie selbst sich nur aus Ihrer Perspektive wahrnehmen können.

Zählen Sie, wie oft jede der Charakterstärken genannt wurde. Notieren Sie die sieben meist genannten Stärken sortiert nach der Häufigkeit in einem Top-7-Ranking.

Was fällt Ihnen an diesem Ergebnis und an den genannten Beispielen auf? Welche Muster erkennen Sie? Sehen vielleicht Menschen aus Ihrem Privatleben Stärken, die die Kolleginnen und Mitarbeiter nicht so deutlich erkennen? Auf welche Art von Stärken wird vor allem fokussiert? Notieren Sie Ihre Gedanken dazu.

Die 360-Grad-Übung ist besonders hilfreich, wenn Sie den VIA-Stärkentest schon gemacht und Sie dessen Ergebnisse mit jenen dieser Übung kombinieren können. Sie können damit zusätzlich identifizieren,

- worin Ihre Signatur-Stärken liegen: Das sind die Stärken, die sowohl im VIA-Test besonders hoch abgeschnitten haben und die auch andere intensiv in Ihnen sehen. Welche dieser Stärken sind auf beiden Listen in den Top-7? Was bedeutet das für Sie? Was empfinden Sie dazu? Machen Sie sich gerne ein paar Notizen.

- was mögliche blinde Flecken sind (niedriges VIA-Ergebnis, hohes 360°-Abfrage-Ergebnis): Das sind die Stärken, die andere stark an Ihnen wahrnehmen, die Sie aber selbst in Ihrem VIA-Test nicht ganz so hoch eingeschätzt haben. Wie kommt es, dass Sie diese Stärken selbst nicht so an sich sehen oder wertschätzen? Wie könnten Sie diese mehr annehmen und für sich ausleben?

- worin Ihre Wachstumsmöglichkeiten schlummern: Das sind jene Signaturstärken, die andere nicht deutlich in Ihnen sehen, die aber in Ihrem VIA-Test sehr hoch abschneiden. Wie kommt es zu dieser Diskrepanz? Welchen Nutzen hätten andere und Sie davon, wenn Sie diese Stärken sichtbarer in Anwendung brächten? Und wie könnte das gehen? Oder können Sie vielleicht gut damit leben, dass Sie um diese Stärke wissen und diese hochdrehen könnten – wenn es denn nötig oder nützlich wäre?

Stärken-Pause

Mit einer Meditation wie der folgenden (nach Niemiec, 2020) können Sie sich Ihre Stärken bewusster machen und sie intensiver ausleben. Wählen Sie dafür einen ruhigen Ort, an dem Sie ein paar Minuten bequem sitzen können und ungestört bleiben.

Sagen Sie sich die folgenden Sätze still oder laut vor oder nehmen Sie sie vorab mit dem Smartphone auf, um sie dann abspielen zu können.

Stärken-Meditation

Beim Einatmen beruhige ich meinen Körper.
Beim Ausatmen lächle ich.
Ich koste diesen Moment aus.
Beim Einatmen sehe ich meine Stärken.
Beim Ausatmen wertschätze ich meine Stärken.
Ich koste meine Stärken aus.
Es ist gut so, wie ich bin.

(Wiederholen Sie nun wieder die Sätze vom Anfang:)

Beim Einatmen beruhige ich meinen Körper.
Beim Ausatmen lächle ich.
Ich koste diesen Moment aus.

Wie haben Sie die Übung erlebt? Welche Gedanken und welche Gefühle sind Ihnen dabei gekommen? Wie fühlt sich Ihr Körper an, Und wie können Sie bei dem, was Sie als Nächstes tun, Ihre Stärken bewusster zum Einsatz bringen?

Stärken der Mitarbeiter entdecken und stärken

Die permanenten Reibereien zwischen der Strukturierten und dem Kreativling, der Dauerstreit zwischen dem Planer und der Spontanen: Viele Konflikte zwischen Menschen haben mit der mangelnden Anerkennung ihrer verschiedenen Stärken zu tun. Wenn Sie als Führungskraft die Stärken Ihrer Teammitglieder und deren Wert für das Gesamtteam kennen, kann das viele Konflikte entschärfen. Erst recht gilt das, wenn Sie auch um die möglichen Spannungen zwischen diesen Stärken wissen und, vor allem, wenn die Teammitglieder sich selbst der vielfältigen

Neigungen, Kompetenzen, Erfahrungen und Zugänge bewusst sind. Für ein gutes Miteinander, egal ob in virtuellen, physischen oder »phygital« organisierten Teams und Abteilungen, lohnt sich also ein stärkenorientierteres Sprechen, Handeln, Arbeiten. Um Ihre Belegschaft damit in Kontakt zu bringen, können Sie die bereits vorher genannten Tools und Übungen anwenden. Sie werden sehen: Die meisten Menschen stehen dem Thema »Stärken« viel aufgeschlossener gegenüber, als man zunächst glauben mag. Kündigen Sie die Übungen als Versuch oder Testballon an und starten Sie eher mit den »Wellnesskandidaten« als mit den größten Skeptikern.

Machen Sie Ihre Mitarbeiter (und Kolleginnen) mit den eigenen Stärken bekannt, indem Sie sie auf den VIA-Stärkentest oder ein anderes Tool Ihrer Wahl hinweisen. Ich kenne Teams, in denen die Signaturstärken auf dem internen Steckbrief im Intranet stehen oder unter der E-Mail-Signatur prangen.

Das Stärkenpanorama

In einem Team ist es hilfreich, nicht nur die eigenen Stärken, sondern auch die der Kolleginnen zu kennen. Dazu dient das Stärkenpanorama: Sie listen dazu entweder in einer Excel-Tabelle die Top-5- oder Top-7-Stärken der jeweiligen Teammitglieder auf. Oder Sie bereiten eine Liste mit den 24 VIA-Stärken vor, in der dann pro Vorkommen in einem Meeting Kreuzchen gesetzt werden. Sehen Sie sich die ausgefüllte Liste an und reflektieren Sie zunächst alleine und dann gemeinsam im Team:

1. Wie erscheint mir als Führungskraft das Stärkenpanorama meiner Belegschaft?

2. Wie erscheint es den Teammitgliedern?

3. Welche Stärken sind gehäuft vorhanden?

4. Welche sind selten oder gar nicht vertreten?

5. Welche Erfolge werden damit erst möglich oder fallen uns leichter?

6. Mit welcher Art von Aufgaben tut sich das Team angesichts dieses Profils eher schwer?

7. Was könnte helfen, um das Stärkenpanorama auszubalancieren (Aufgabenzuschnitte, neue Mitarbeiter mit entsprechenden Stärkenprofilen etc.)?

Stärkenorientiert loben

Wegen zu viel Lob und Wertschätzung hat meines Wissens noch niemand gekündigt. Aus Mitarbeiterbefragungen ergibt sich immer wieder, dass sich die Menschen in der Arbeit zu wenig gesehen und wertgeschätzt fühlen. »Bravo«, »Danke«, »Gut gemacht« – all das ist schon mal nicht schlecht, wenn es ehrlich gemeint ist. Noch besser ist es allerdings, gute Leistungen konkret und spezifisch loben und mit den jeweiligen Stärken zu verbinden, wie zum Beispiel: »Toll fand ich, wie kreativ du deine Präsentation entworfen und ausgearbeitet hast und mit wie viel Interesse und Flexibilität du dann auf die Fragen des Kunden eingegangen bist!«

Richtig delegieren

Auch bei der Delegation von Aufgaben ist es hilfreich, neben den Fakten (Was ist bis wann nach welchen Erfolgskriterien zu erledigen?) auch das »Warum du?« im Blick zu haben. Sie könnten also sagen: »Weil du immer so besonders gut Kontakt auch mit schwierigen Auftraggebern hältst, weil du auch in unangenehmen Situationen gute Laune versprühst und für konstruktive Leichtigkeit sorgst, möchte ich gerne, dass du künftig Kunde X oder Projekt Y führst.«

> Nutzen Sie die Stärkenorientierung niemals als Taktik, so zum Beispiel, um Ladenhüter-Aufgaben attraktiv zu machen. Damit würden Sie sich als Führungskraft und auch Ihren Teammitgliedern mehr schaden als nützen.

Mitarbeitergespräche mit Stärkenfokus

In manchen Organisationen ist das Mitarbeitergespräch noch nicht einmal eingeführt, in anderen ist es schon wieder abgeschafft und durch andere, häufigere Gesprächsformate und -Tools ersetzt. Egal ob einmal jährlich (eher schlecht) und in Verbindung mit Prämien und Boni (eher sehr schlecht) oder monatlich (gut) und ohne Verbindung zu Gratifikationen und sonstigen Entgeltzahlungen (sehr gut!): Sie sollten Leistungen und Fortschritte nicht einfach nur abhaken, sondern mit den Stärken des jeweiligen Mitarbeiters in Verbindung bringen und wertschätzen.

BEISPIEL: LEISTUNGEN MIT STÄRKEN VERKNÜPFEN

»Deine Strukturiertheit und Planungsgenauigkeit hat uns im Projekt XY letztes Jahr echt total geholfen!«

So können die Mitarbeiter

1. ihre eigenen Stärken besser kennenlernen,

2. den Wert ihrer Kompetenzen und Talente genauer einschätzen,

3. besser verstehen, worauf es Ihnen als Führungskraft besonders ankommt im Miteinander.

Nutzen Sie Mitarbeitergespräche auch dafür, das bestehende
Jobprofil intensiver an die jeweiligen Stärken Ihrer Teammitglie-
der anzupassen. Das funktioniert gut mit Fragen wie diesen:
»Wenn du über deine Stärken im Zusammenhang mit deinem
Aufgabenportfolio nachdenkst: Was müsste für dich wegfallen?
Was könnte dazukommen, damit du deine Stärken mehr ein-
setzen könntest?«

Stärken-Feedback von den Peers

Eine hilfreiche Ergänzung zu den stärkenorientierten Führungs-
instrumenten kann das sogenannte Peer-Feedback mit Stärkenfokus sein. Stärkenorientiertes Feedback findet dabei nicht
top-down, sondern auf gleicher Hierarchieebene statt, also innerhalb derselben Peergruppe.

Die Entscheidung darüber, in welchem Rahmen, in welcher
Taktung und in welcher Form diese positive kollegiale Rückmeldung stattfinden soll, können Sie den Teammitgliedern
überlassen. Ein paar Dinge sollten Sie jedoch vorab klären und
organisieren:

- Stellen Sie im Team ein gewisses Grundwissen und -verständnis über Stärken sicher, zum Beispiel durch einen Workshop oder Tests.

- Es sollte Regeln für das Feedback geben (Beispiele: Mit Stärkenfokus statt defizitorientiert; spezifisch und präzise statt vage und allgemein; respektvoll statt herablassend; zeitnah statt irgendwann).

- Schaffen Sie einen guten Rahmen für das Feedback und Vertraulichkeit.

- Auch die Empfänger des Feedbacks sollten sich an Regeln halten (Beispiele: Bedanken; keine Rechtfertigung; Notizen machen).

Fragen, die bei der Einführung des stärkenorientierten Peer-Feedbacks helfen können, sind zum Beispiel: Welche Stärken schätze ich/schätzen wir besonders an dir? Welchen besonderen Mehrwert haben deine Stärken für unsere Zusammenarbeit? Inwiefern profitieren unsere Lieferanten, Kunden oder sonstige Externe von deinen Stärken? Bei welchen Tätigkeiten könnten deine Stärken künftig noch mehr zum Tragen kommen? Welche deiner Stärken kannst du hier noch nicht ausreichend auf die Straße bringen? Wie müssten dafür künftige Projekte oder Aufgaben beschaffen sein?

Die Vorteile des Peer-Feedbacks
Mehr Rückmeldung aus verschiedenen Perspektiven.
Die Feebacknehmer können ihre eigene Arbeit besser ein- und wertschätzen.
Die Feedbackgeber schärfen ihren Blick und ihr Vokabular für Stärken.

Die Vorteile des Peer-Feedbacks

Das Miteinander und der Zusammenhalt unter den Teammitgliedern werden verbessert.

Der Gefahr von Isolation kann – gerade in virtuellen – Teams entgegengewirkt werden.

Stärkentandems bilden

Vielleicht kennen Sie das aus Ihrer Studien- oder Ausbildungszeit? Sie konnten gut Deutsch, die Austauschstudentin aus Lyon dafür gut Französisch. Sie sind einmal die Woche einen Kaffee trinken gegangen und haben einander erzählt: Sie auf Deutsch, die Französin in ihrer Sprache. Und Sie haben durch Ihre jeweiligen, unterschiedlichen Stärken beide voneinander profitiert. So ähnlich könnte das auch in der Arbeit aussehen: Bringen Sie bewusst Personen zusammen, die sich in ihren Erfahrungen und Kompetenzen ergänzen und bereichern können.

BEISPIEL: EINE BEREICHERUNG FÜR ALLE SEITEN

In einem Unternehmen ist eine Stelle frei, die jemanden verlangt, der sehr gut und gerne mit Kunden am Telefon umgehen kann. Es gibt einen Bewerber, der unglaublich freundlich, kontaktfreudig und zugewandt ist. Allerdings hat er eine Rechtschreibschwäche. Seine Mails oder Schriftstücke kann er nicht ungeprüft lassen – erst recht nicht, wenn sie nach draußen gehen. Es gibt einen Kollegen im Unternehmen, der zwar topfit in Sachen Rechtschreibung und Prozesse ist, dem aber der Umgang mit Kunden sehr schwerfällt. Die Personalleiterin erkennt die Chancen, die diese Konstellation in der Kombination miteinander bietet. Sie sagt: »Den mit der Schreibschwäche stellen wir ein!« Der Mann wird angeheuert und ein Tandem wird gebildet: der eine übernimmt die Schreibarbeit, der andere den Kundenkontakt. Ein tolles – übrigens echtes, nur hier leicht verfremdetes – Beispiel für Stärken- statt Defizitorientierung, oder?

Einstellung durch die Stärkenbrille

Bei frei werdenden Stellen geschieht die Nachbesetzung ja meistens so: Was konnte Herr Müller, der die Stelle bislang eingenommen hat? Also wird Frau Huber gefragt, ob sie das alles kann und nachzuweisen vermag. Und im besten Fall wird sie dann eingestellt. Es könnte aber auch ganz anders laufen. Sie könnten sich und Ihre Teammitglieder an Stärkenprofilen orientieren, in etwa so:

1. Worin müsste die künftige Kollegin besonders gut sein?

2. Was ist vielleicht gar nicht so wichtig, weil es durch die im Team bestehenden Stärken schon gut abgedeckt ist?

3. Welche benötigten Stärken sind im Team bisher schwächer entwickelt?

Auch bei der Zusammenstellung von Projektteams könnten diese oder ähnliche Fragen hilfreich sein, um eine optimal schlagkräftige Truppe zusammenzustellen.

Positives Lästern

Eine weitere Form wertschätzender, persönlicher, stärkenorientierter Rückmeldung in Teams ist das positive Lästern. Damit ist eine Kommunikationsform gemeint, die nur wenig mit dem sonstigen Bürotratsch zu tun hat. Sie findet nämlich ganz offen und nicht hinter dem Rücken der Betroffenen statt. Und sie fokussiert sich nur auf Positives, Gelungenes, Wertvolles.

Positives Lästern kann die Arbeitsmotivation, den Zusammenhalt und die Stärkenorientierung in Teams steigern und gleichzeitig Konflikten und Streitigkeiten entgegenwirken.

Positives Lästern – auch bekannt als Ressourcendusche – kann sowohl in Tandems als auch in Kleingruppen wie auch im ganzen Team stattfinden. Es folgt am besten diesen Regeln:

1. Die Teilnehmenden fokussieren ausschließlich auf Stärken, Positives, Gelingendes.

2. Für alle gilt die gleiche Zeitbegrenzung (meistens reichen 2 Minuten pro Person).

3. Quasi als Starthilfekabel können Fragen gelten wie: Was lieben wir an X? Was kann er oder sie besonders gut? Womit erstaunt, überrascht, begeistert sie oder er uns immer wieder? Auch die VIA-Stärken können dabei ins Spiel kommen. So zum Beispiel, indem sie an die Wand projiziert werden – aber authentisch ist in diesem Falle mehr wert als stärkendiagnostisch korrekt!

4. Hilfreich ist eine »Ja, und …«-Haltung. Es darf übertrieben, verallgemeinert werden. Ebenso ist gespieltes Erstaunen erlaubt – wie beim normalen Lästern eben auch.

5. Die Person, über die laut getuschelt wird, darf nichts sagen – so wie auch beim normalen Lästern.

6. Zum Ende der Übung kann es eine (kurze) Feedbackrunde geben, wie das positive Lästern erlebt wurde, was das für die künftige Zusammenarbeit bedeutet etc. Ohne dabei aber auf die einzelnen Rückmeldungen einzugehen.

Positiv Lästern ist immer eine gute Idee. Nur wenn unter den Mitarbeitern massive, ungelöste Konflikte zu herrschen scheinen, ist es nicht angezeigt.

Stärkenversteigerung

Wie viel sind uns und anderen bestimmte Stärken wert? Der Psychologe Albert Glossner hat dazu 2018 auf dem Kongress des Deutschsprachigen Dachverbandes für Positive Psychologie e.V. eine schöne Übung präsentiert (www.dach-pp.eu/content/albert-glossner): die Stärkenversteigerung.

Sie soll Teilnehmenden dabei helfen, sich sowohl mit den eigenen als auch den Charakterstärken anderer intensiver auseinanderzusetzen. Sie läuft in drei Schritten ab:

1. **Stärken kennenlernen**: Zunächst wird das Konzept der Stärkenorientierung vorgestellt (Begrifflichkeit, Nutzen, mögliche Stärkenkonzepte etc.).

2. **Stärken ersteigern:** Wie bei einer klassischen Auktion erhalten die Teilnehmenden ein festgelegtes Startkapital (in Form von Münzen oder Spielgeld). Nach und nach wird jede der 24 VIA-Charakterstärken von einer »Auktionatorin« angepriesen und versteigert. Hilfreiche Fragen dabei können sein: Welche Stärken sind Ihnen besonders wichtig? Welche setzen Sie am liebsten ein? Welche werden Sie für die anstehenden Aufgaben, für den Change-Prozess, für das neue Projekt XY besonders gut gebrauchen können?

3. **Austausch:** Die Auktionsteilnehmer diskutieren in Zweiergruppen ihre Ersteigerungserfolge. Im Plenum werden Fragen besprochen wie etwa: Welche Stärken sind »gut weggegangen«? Welche Stärken sind Ladenhüter? Was sagt das über die Teamkultur aus?

Stärken-Workshops

In manchen Teams finden, entweder unter eigener Führung oder mit Unterstützung durch eine Beraterin oder einen Coach, Stärken-Workshops statt. Sie können den unterschiedlichsten Zwecken dienen: als Teambuilding-Maßnahme, zur Konfliktprävention, im Rahmen des Betriebsausflugs, zur Weihnachtsfeier, für Projekt-Kick-offs, bei Führungs-Breakouts.

Elemente eines solchen Workshops könnten sein:

- Was sind Stärken?
- Was bringen Stärken?
- Was sind unsere Stärken?
- Stärken erkunden und ausbauen
- Stärken richtig dosieren
- Konstruktiv mit Schwächen umgehen
- Stärkenversteigerung (siehe oben)
- 360-Grad-Stärken (siehe oben)
- Positives Lästern (siehe oben)

BEISPIEL: STÄRKEN-WORKSHOP ALS WEIHNACHTSFEIER

Mitten im zweiten Lockdown während der Corona-Pandemie durfte ich im Rahmen einer Weihnachtsfeier für ein Team einen virtuellen Stärkenworkshop durchführen. Eine ausgebildete Sommelière – sie hat so viele Stärken, dass ich sie hier namentlich empfehlen muss: Katharina Matheis, www.katharina-matheis.de – ließ vorab Pakete mit je drei unterschiedlichen Weinflaschen an die Teilnehmenden verschicken. Im Workshop ging es dann zunächst um Stärken im Allgemeinen. Dann wurden nach und nach die drei Weine mit ihren jeweiligen Stärken präsentiert, verkostet und diskutiert. Währenddessen waren in einem digitalen Notizboard Geschenkboxen mit den Namen der Teammitglieder hinterlegt, die von den Kolleginnen und Kollegen mit anonymen Komplimenten aufgefüllt wurden. Zum Schluss gab es dann Bescherung: Jede einzelne Person bekam die Stärkenbotschaften vorgelesen, die ihr die anderen Teammitglieder hinterlegt hatten. Eine – nach Auskunft der Teilnehmenden – bewegende und stärkende Art der Weihnachtsfeier.

Stärkenfokus in der Organisation stärken

Die Fort- und Weiterbildung von Beschäftigten wird leider in vielen Organisationen vor allem als Reparaturbetrieb von mehr oder weniger großen Defiziten betrachtet. Herr Müller kommuniziert schlecht – also bekommt er ein Kommunikationstraining verordnet. In Frau Maiers Abteilung kracht es laufend – also muss sie zur Schulung in Konfliktmanagement. Schwächen sollen wegtrainiert, Mängel aberzogen werden.

Aber wie wäre es, wenn Mitarbeiter und Chefinnen auch mal in Aspekten geschult würden, die sie schon gut können? Wenn Frau Huber, die so tolle Präsentationen macht, in eine Masterclass für Präsentationstechnik mit internationalen Spitzentrainern geschickt wird, damit sie ihre Präsentationskompetenz noch weiter verfeinern, perfektionieren und festigen kann? Eine Strategie zur Personalentfaltung mit Maßnahmen und Angeboten, die sich stärker an vorhandenen Stärken und bereits erreichten Erfolgen ausrichtet, stärkt nicht nur die Stärkenkultur in einer Organisation, sie zahlt auch auf den Unternehmenserfolg ein.

Stärkenwissen einführen und vertiefen

Um stärkenfokussiertes Denken im Unternehmen, in der Organisation einzuführen und zu festigen, braucht es

1. Wissen über den Nutzen und die Eigenschaften von Stärken

2. ein Vokabular für Stärken

3. Reflexion über die eigenen Stärken und die der Kolleginnen, Führungskräfte und Mitarbeiter

4. konkrete Instrumente, um den Umgang mit Stärken zu trainieren

Je nachdem, was für Ihre Organisations-, Zusammenarbeits- und Lernkultur im Unternehmen am besten passt, können unterschiedliche Instrumente genutzt werden, um das Verständnis für Stärken zu stärken. Sie können Podcasts, Intranetbeiträge oder Newsletter erstellen (lassen). Sie können Keynotespeaker zu diesen Themen buchen. Sie können eigene Seminare, Webinare, Learn-Nuggets erstellen. Oder Sie können darauf achten, dass Sie für Workshops Coaches mit Stärkenexpertise finden. Am besten, Sie bieten das Thema auf unterschiedlichsten Lernkanälen an – dann kann es jeder seinen Stärken entsprechend für sich annehmen und anwenden.

Positiv abnormal: stärkenorientierte Abweichungsanalyse

Der Effekt der Negativverzerrung lässt in unserem Gehirn Negatives schneller und stärker aufflackern und speichert es nachhaltiger. Einfacher ausgedrückt: Die Stärke, die Ressource, das Gelingende hat in unserem Gehirn quasi immer eher ein Auswärtsspiel, wohingegen das Schiefgelaufene, der Fehler eher den Heimvorteil hat.

Die stärkenorientierte Abweichungsanalyse will diesem Auswärtsnachteil entgegenwirken. Beschäftigen Sie sich dazu mit Reflexionen wie diesen:

1. Was ist im letzten Jahr, im vergangenen Quartal, im letzten Projekt besser gelungen als erwartet?

2. Welche Stärken, Kompetenzen, Ressourcen waren dafür verantwortlich und dabei hilfreich?

3. Mit welchen Praktiken, Denk- und Verhaltensweisen lässt sich die Wahrscheinlichkeit erhöhen, dass im nächsten Quartal/Projekt/Jahr diese überdurchschnittlichen Errungenschaften wiederholt werden können?

4. Was können andere Teams oder Organisationseinheiten aus dieser stärkenbasierten Abweichungsanalyse lernen?

Wertschätzendes Erkunden

Das Wertschätzende Erkunden (im Englischen: Appreciative Inquiry) ist eine Methode zur Gestaltung von Veränderungsprozessen, die sich vor allem für große Gruppen oder Organisationen anbietet.

In vielen Change-Prozessen entsteht, bewusst oder unbewusst, bei Mitarbeitern und Führungskräften der Eindruck: Was wir bisher gemacht haben, ist falsch. Wir brauchen nun andere, neue, funktionalere Formen der Zusammenarbeit – und sollten die alten am besten in den Papierkorb der Organisationsgeschichte werfen. Eine solche Haltung führt zu viel Frust, zu Skepsis und Widerstand gegenüber Veränderung.

Appreciate Inquiry, kurz: AI, nutzt hingegen Ressourcen und Stärken, die im Unternehmen vorhanden sind und gelebt werden, für positiven Wandel.

Der Prozess der Wertschätzenden Erkundung folgt stets fünf Phasen – egal ob in Form von Eins-zu-eins-Coachings, Teamentwicklungsmaßnahmen oder großen systemverändernden Changes.

Wertschätzende Erkundung in fünf Phasen	
1. **Definieren (Define) des zu Erreichenden**	Wovon will die Person/das Team/das System mehr? Was ist das Ziel des Prozesses? Auf welches Thema soll sich fokussiert werden?

Wertschätzende Erkundung in fünf Phasen	
2. **Entdecken (Discover) des Vorhandenen**	In einer stärken- und ressourcenorientierten Haltung wird Gelingendes entdeckt und wertgeschätzt. Das geschieht mit Fragen wie: »Was können wir gut?«, »Was haben wir wie erreichen können?«, »In welchen Situationen sind wir exzellent?«
3. **Erträumen (Dream) des Möglichen**	Aus vorhandenen Stärken und vergangenen Erfolgsgeschichten werden neue Möglichkeiten in einer wünschenswerten Zukunft imaginiert. Wie fühlt es sich für die Beteiligten jeweils an, wenn die Potenziale genutzt, die Stärken angewandt werden in Bezug auf das angestrebte Ziel?
4. **Entwerfen (Design) des Gewollten**	In dieser Phase kommen die gefundenen Juwelen aus der Entdeckungsphase mit der Kreativität und den Visionen der Traum-Phase zusammen: Das Beste dessen, was da ist und was da sein könnte, wird miteinander vermengt – zu dem, was da sein sollte.
5. **Erschaffen (Deliver/Destiny) des Werdenden**	Hier geht es um konkrete Maßnahmen zur Umsetzung der Zukunftspläne. Wie sollen die Pläne aus der Design-Phase Realität werden? Mit welchen KPIs oder Metriken ist der Fortschritt zu erfassen? Bei welchen Meilensteinen soll innegehalten und gefeiert bzw. neu kalibriert werden?

Falls Sie mit der Wertschätzenden Erkundung arbeiten wollen – hier noch ein paar hilfreiche Tipps dazu:

1. Starten Sie am besten mit Pilotgruppen aus Überzeugten, Interessierten, Agenten des Wandels, um gemeinsam mit

diesen Skepsis und Widerstände in der Organisation gegen die Methode zu überwinden.

2. Je diverser Sie die Teams für die Methode zusammensetzen, desto mehr unerwartete Stärken-Kombinationen können sich ergeben. Und desto günstiger ergänzen sich die verschiedenen Stärken von Menschen unterschiedlicher Alters-, Berufs- und Hierarchiegruppen.

3. Fragen nach Fehlern, Problemen oder Schwächen sind nicht verboten im AI-Prozess. Der Fokus aber sollte stets auf Stärken und Ressourcen liegen.

4. Manche Organisationen haben gute Erfahrungen damit gemacht, Lieferanten, Partner oder sonstige Externe in den Prozess der Wertschätzenden Erkundung einzubeziehen. Dazu müssen aber auch diese Teilnehmer die Ziele, Prinzipien und Abläufe des Verfahrens genau verstehen.

Eine Frage der Dosis: Stärken regulieren

Paracelsus, der als Erfinder der Heilkunst gilt, soll gesagt haben: »Alle Dinge sind ein Gift und nichts ist ohne Gift, allein die Dosis macht, dass ein Ding kein Gift ist.« Diese Weisheit lässt sich auch auf den Umgang mit menschlichen Qualitäten übertragen: Auch vom Guten kann es ein Zuviel geben.

Übernutzte Stärken können andere Menschen abstoßen, herabwürdigen, den Kontakt mit ihnen erschweren. Natürlich ist auch zu wenig nicht gut. Nicht oder selten genutzte Stärken können in Überanpassung, Profillosigkeit oder darin münden, dass wir unsere Potenziale nicht ausschöpfen, wie Sie später noch sehen werden.

BEISPIEL: ZU VIEL STRUKTUR?

Stellen wir uns Anna und Max vor, beide Teamleiter eines größeren Unternehmens mit einigen Schnittstellen in ihrem Arbeitsalltag. Anna ist sehr strukturiert in ihrer Arbeit, sehr genau, plant alles weit im Voraus. Ihr rutschen quasi nie Fehler durch, solange sie Routine und Planbarkeit in ihrem Alltag hat. Max liebt das kreative Chaos, hat täglich viele neue Ideen, kann sich spontan und flexibel auf neue An- und Herausforderungen und Veränderungen einstellen. Wie die beiden miteinander klarkommen? Na ja ... Anna beschwert sich bei der gemeinsamen Abteilungsleiterin Lena über den unzuverlässigen Chaoten Max, Max wiederum klagt ihr sein Leid über die überpedantische, starrsinnige Anna. Und Lena? Lena mag und schätzt beide, findet, dass sie sich wunderbar in ihrer Unterschiedlichkeit ergänzen würden – wenn sie das nur persönlich besser hinbekämen.

Worum geht es hier für Lena, Anna und Max? Es geht um die Wertschätzung unterschiedlicher Stärkenprofile, mit denen wir uns im Alltag häufig schwertun und die Auslöser vieler kleiner und größerer Konflikte sind.

Wir sehen die Welt (nur) durch die eigene Brille

Wie wir die Stärken anderer wahrnehmen, hängt häufig mehr mit uns selbst zusammen als mit unserem Gegenüber: Wem Großzügigkeit wichtig ist, empfindet die sparsame Partnerin schnell als geizig und knickerig. Wer sich sehr gut selbst regulieren kann und diszipliniert ist, empfindet den impulsiven Chef schnell als cholerisch. Derjenige, dem Autonomie und Selbstverantwortung wichtig sind, bekommt bei sehr fürsorglichen, empathischen Menschen leicht einen Übergriffigkeits-Koller.

Das liegt vor allem daran, dass wir – wie schon erklärt – blind sind für die eigenen Stärken, dass wir sie für selbstverständlich halten, sie schlichtweg voraussetzen etc.

Wir würden zwar alle behaupten, dass Kreativität einerseits und Zuverlässigkeit andererseits beides wertvolle Stärken sind, genauso wie Konfliktkompetenz und Kompromissfähigkeit, Großzügigkeit und Sparsamkeit, Abgrenzungsfähigkeit und Einfühlungsvermögen, Entschlossenheit und Pragmatismus, Klarheit und Verständnis etc. Und doch neigt jeder Mensch tendenziell eher einer Seite der Waagschale zu und empfindet die andere schnell als nervig, anstrengend, schwierig.

Ist es also total subjektiv, was wir als Stärke sehen und was als Schwäche? Und wird jede Stärke zur Schwäche, wenn sie zu viel wird? Nein, diese Perspektive finde ich falsch und viel zu defizitorientiert. Das Cello, die Trompete und die dritte Geige bleiben schöne und wichtige Instrumente in einem Sinfoniekonzert, selbst wenn sie zu laut spielen. Stärken sollten Stärken bleiben, und wir sollten ihren Nutzen kennen und schätzen, sollten um ihren Mehrwert wissen, für uns und für andere.

Gleichzeitig sollten wir aber noch etwas anderes im Blick haben: Unsere Stärken haben uns weit gebracht – sie können jedoch für manche Leute, in manchen Kontexten auch mal zu viel werden. So wie das Cello, die Trompete und die dritte Geige in manchen Passagen eben leiser spielen sollten.

Ryan Niemiec ist einer der renommiertesten Stärkenexperten überhaupt. Nach seiner Darstellung (2018) sind folgende Prinzipien zu beachten:

- Jede Charakterstärke kann unter- oder übernützt werden.
- Jede Stärke existiert in einem Kontinuum an Ausdrucksformen passend oder unpassend zur jeweiligen Situation.
- Eine über- oder unternutzte Charakterstärke kann dysfunktional wirken. Die Übernutzung von Wissensdurst kann etwa zur übermäßigen Neugier verkommen etc.
- Was Über- und was Unternutzung darstellt, hängt vom jeweiligen Kontext und vom Ausdruck der jeweiligen Person ab.
- In der Regel übernutzen Menschen ihre am höchsten ausgeprägten Stärken und unternutzen ihre am wenigsten ausgeprägten Stärken.
- Über- und Unternutzung werden vor allem dann zum Problem, wenn andere davon betroffen sind.
- Die Kompensation durch andere Stärken oder durch einen veränderten Gebrauch der jeweiligen Stärke kann die Über- oder Unternutzung ausgleichen.
- Das Konzept der Über- und Unternutzung von Stärken kann den Blick auf Probleme und Konflikte verändern und diese in neuem Licht erscheinen lassen.

Zu wenig oder zu viel?

Mit dem folgenden Modell (nach Rashid, 2018) können Sie der Über- und Unternutzung von Stärken auf die Schliche kommen.

Stärkenregler zu weit unten oder zu weit oben?

Welche Stärken nutzen Sie gelegentlich zu viel, welche zu wenig oder nicht intensiv genug? Zeichnen Sie in ein Diagramm wie das folgende die übernützten Stärken in große Kreise ein, vielleicht noch mit einem »Tempoanzeiger«, der verdeutlicht, wie sehr diese Stärken gelegentlich überdreht sind. In die kleinen Kreise tragen Sie die unternutzten Stärken ein, ebenfalls versehen mit einer Art Zeiger. Da sich die Stärken in der Nutzung häufig überlappen, sind auch die Kreise überlappend gezeichnet.

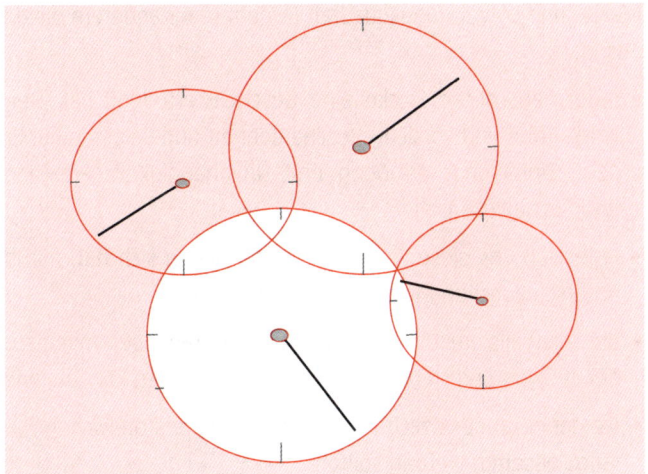

Stärkenregler-Modell

Reflektieren Sie nun: Welche Konsequenzen ergeben sich aus dem Diagramm? Was sollten Sie ändern?

Das richtige Maß finden

Wie können Sie nun aber das »richtige« Maß bei der Stärkennützung identifizieren und vor allem umsetzen? In den folgenden Abschnitten lernen Sie drei Strategien dafür kennen.

1. Werte- und Entwicklungsquadrat nutzen

In meiner kommunikationspsychologischen Ausbildung bei Friedemann Schulz von Thun habe ich ein einfaches und doch sehr wirkmächtiges Modell kennengelernt, das mir in meiner Arbeit mit meinen Coachees und auch privat sehr weiterhilft: das Werte- und Entwicklungsquadrat. Es geht unter anderem davon aus, dass

- jede menschliche Stärke eine Geschwistertugend hat (Beispiele: Mut und Vorsicht, Bescheidenheit und Selbstbewusstsein, Einfühlungsvermögen und Unabhängigkeit, Präzision und Schnelligkeit etc.),

- jeder von uns diese Stärken grundsätzlich in sich hat, nur in unterschiedlichen Mischungsverhältnissen,

- diese jeweils grundsätzlich positiven Ausprägungen miteinander in Spannung stehen und übertrieben werden können, und

- sie daher grundsätzlich in der guten alten aristotelischen Balance gesehen werden sollten.

Ein Werte- und Entwicklungsquadrat mit den beiden »Geschwistertugenden« Freundlichkeit und Klarheit und den entsprechenden Übertreibungen könnte so aussehen:

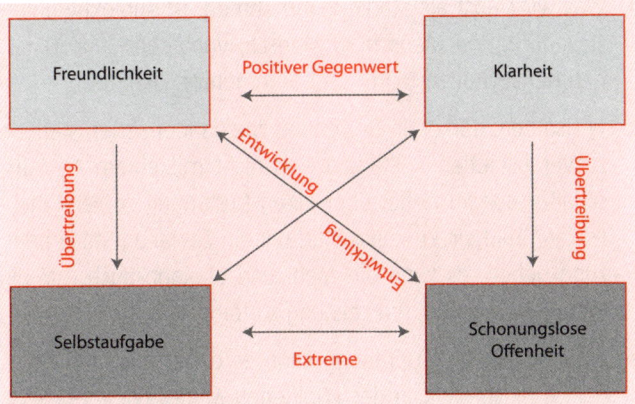

Ein mögliches Stärkenquadrat

Die folgende Tabelle zeigt weitere Stärken in ihren unterschiedlichen Ausprägungen.

Stärkennutzung			
Stärke	**Maximal**	**Minimal**	**Optimal**
Demut	Selbstabwertung	Überheblichkeit	Bescheidenheit
Ehrlichkeit	Rechthaberei	Lügen	Authentizität
Humor	Albernheit	Todernst	Heiterkeit
Kreativität	Spinnertum	Konformismus	Originalität
Mut	Tollkühnheit	Feigheit	Entschlossenheit

Was Führungskräfte im Besonderen und Menschen im Allgemeinen nach meiner Erfahrung aus dem Entwicklungs- und Wertequadrat mitnehmen können, ist Folgendes:

1. Was wir selbst als Stärke wahrnehmen, ist subjektiv unterschiedlich, von Mensch zu Mensch, von Team- und Unternehmenskultur zu Team- und Unternehmenskultur.

2. Wir sollten Stärken in Beziehung zueinander sehen statt sie zu verabsolutieren. Stärken sind nicht mit einem An-/Ausschalter, sondern eher über einen Drehregler zu verstehen: Es kann mal ein Zuwenig und mal ein Zuviel an Stärkennutzung geben, es kann ein Mehr und es kann auch mal ein Weniger brauchen, um Leistung zu fördern.

3. Das Ideal einer Ausprägung kann es daher eigentlich nicht geben, auch nicht in der »Goldenen Mitte«. Vielmehr werden unterschiedliche Stärken in unterschiedlichen Kontexten unterschiedlich wichtig.

4. Konflikte lassen sich häufig schon einmal dadurch entschärfen, dass wir das, was uns am anderen stört, als ein – aus unserer Sicht – Zuviel einer eigentlich guten, sinnvollen Eigenschaft oder Tugend erkennen.

5. Es sollte bei der Entwicklung von Mitarbeitern oder Führenden nie um die grundsätzliche Veränderung von Persönlichkeit gehen, sondern um einen veränderten, nuancierteren Umgang mit Stärken.

6. Das bewusste Wahrnehmen und Herunterdrehen von Stärken kann in manchen Kontexten ein sehr sinnvoller Umgang mit Stärken sein.

2. Eigene Stärken ausbalancieren

Weil wir uns unserer Stärken häufig so wenig bewusst sind und sie als selbstverständlich hinnehmen, bekommen wir auch so selten mit, wenn wir sie übertrieben einsetzen. Es fällt uns häufig schlicht nicht auf, wenn wir zu durchsetzungsstark, strukturiert, bescheiden oder was auch immer agieren – und dadurch weniger oder gar das Gegenteil von dem bewirken, was wir eigentlich erreichen wollen.

Hier hilft folgende Reflexion:

1. Welche meiner Stärken sind für wen, in welchen Kontexten hilfreich und nützlich – und wann und für wen gelegentlich zu viel? Und welche anderen Stärken sind in diesen Situationen zu leise gedreht?

2. Welche Folgen hat das Überdrehen der eigentlich guten, nützlichen Stärken, für mich, für meine Mitarbeiter, für andere?

3. Woher kommt diese Übernutzung? Häufig entsteht Stärkenüberdrehung in Kontexten, in denen wir unsere Stärken nicht genügend gesehen und gewürdigt empfinden – und dann wird überkompensiert.

4. Welche meiner anderen, weniger genutzten Stärken könnte ich in solchen Situationen stärker und ergänzend einsetzen, um meinen Zielen näherzukommen?

3. Stärken- und Feedbackkultur einführen

Auch zur Ausbalancierung von Stärken im Team gibt es hilfreiche Strategien. Hier ein paar davon.

- **Stärken stärken bei Events:** Warum nicht in den Teamtag, den Jahresausflug, das Leadership Breakout oder die Weihnachtsfeier eine Stärken-stärken-Sequenz einbauen? Das geht auch virtuell!

- **3:1-Feedback:** Feedback findet in vielen Organisationen häufig nur in kritischen Situationen statt, so z. B. bei Fehlern, in Krisensituationen etc. Viel hilfreicher wäre es, stärkenorientiertes Feedback als selbstverständliches Element in Mitarbeitergespräche, Meetings etc. einzuführen – und zwar am besten in etwa nach dem Verhältnis 3:1, also auf drei positive Dinge ein Kritikpunkt.

- **Feedback für Führungskräfte:** Auch Führende sollten sich Feedback einholen – von oben, von der Seite, von unten. Entweder in formellen 360°-Feedback-Prozessen oder, häufig mindestens genauso wirkungsvoll, informell durch Fragen.

- **Führungskraft als Vorbild:** Wer als Führungskraft Ehrlichkeit vorlebt und ein Zuviel an Stärkennutzung eingestehen kann (Beispiele: »Da habe ich wohl etwas vorschnell entschieden«, »Hier hätte ich klarer Nein sagen müssen«), macht es den

Mitarbeitern leichter, dies nachzuleben und entsprechend miteinander umzugehen.

- **Gebrauchsanweisung für Feedback:** Eine individuelle »Gebrauchsanweisung für Feedback« kann auf leichte und wirkungsvolle Weise Feedbackprozesse stärken. So erhalten die Teammitglieder einen Fragebogen mit Punkten wie »Am besten gibt man mir Feedback, indem ...«, »Das beste/schlimmste Feedback, das ich je erhalten habe, war ...«, »Wenn ich – auch konstruktives – Feedback bekomme, ist mein erster Impuls häufig: ...« Ob diese Bögen dann ins Intranet gestellt, bei einem Event präsentiert oder an die Bürotür geklebt werden – da gibt es Tausende von Möglichkeiten.

Fünf Stärken für schwierige Zeiten

Wer seine Stärken kennt und nutzt, kommt gut durch Krisen- und Umbruchzeiten. Das gilt sowohl für den Umgang mit sich selbst als auch für die Führung von Teams und ganzen Organisationen.

In diesem Kapitel erfahren Sie,

- warum und wie das PERMA-Modell Ihnen dabei als Denk- und Handlungsrahmen dient,
- welche Stärken Sie besonders fördern und entwickeln sollten, um Krisen zu trotzen.

PERMA: hilfreicher Ansatz auch für schwierige Zeiten

Stärken benennen, leben und nutzen zu können, auf Kompetenzen und Talente vertrauen zu können, auf die eigenen und die anderer, ist in kritischen Lagen sehr wichtig. Welche Führungsqualitäten besonders hilfreich sind, wenn wir selbst in Schwierigkeiten stecken, unser Team oder unsere Organisation, das lässt sich eigentlich nur schwer verallgemeinern. Dies mögen je nach Kontext, je nach Tragweite und Dauer der Krise, je nach eigener Verantwortung und je nach Branche sehr unterschiedliche Talente, Kompetenzen und Erfahrungen sein. Mit den fünf Dimensionen des PERMA-Modells stehen positiv Führenden jedoch fünf Strategieansätze auch und gerade in kritischen Lagen zur Verfügung (siehe hierzu das Kapitel »PERMA – die 5 Säulen von Positive Leadership«). Exemplarisch für jede der fünf PERMA-Säulen stelle ich im Folgenden fünf Qualitäten für das Führen in schwierigen Zeiten vor.

Jede dieser Stärken

1. ist gleich wertvoll,

2. ist bei jedem vorhanden, nur in unterschiedlichen Ausmaßen,

3. wird in manchen Situationen sichtbarer als in anderen,

4. hat ihre Licht- und Schattenseiten,

5. kann von jedem etwas unterschiedlich benannt und verstanden werden.

Ausgeglichenheit

Wer ausgeglichen ist, schafft es auch unter schwierigen Umständen immer wieder, Humor, Hoffnung und andere positive Emotionen zu empfinden und andere damit zu inspirieren. Denn positive Empfindungen weiten unser Denken, unsere Handlungsoptionen und unsere Kreativität. Das ist besonders wichtig, wenn wir, unsere Mitarbeiter und unsere Organisation im Strudel negativer Nachrichten und Empfindungen in eine Abwärtsspirale zu geraten drohen. Ausgeglichene Menschen können häufig auch in schwierigen Situationen ausgeglichen kommunizieren, also der Flut an Gerüchten, Befürchtungen und Horrormeldungen Nuancierung, analytische Lagebilder und Positives entgegensetzen.

Typisches

Immer wieder auch das Gute im Schwierigen zu sehen und teilen zu können, trotz aller Probleme auch das Angenehme und Hilfreiche wertzuschätzen, das macht ausgeglichene Menschen aus. Vielleicht kommen einem dabei die Ruhe einer Angela Merkel oder die coole Lässigkeit eines Jogi Löw in den Sinn? Oder Sprüche wie »Das wird schon wieder«?

Wie Sie Ausgeglichenheit entwickeln und fördern

Rituale können Menschen helfen, sich auch in schwierigen Zeiten auf das Gute zu besinnen. Ein solches Ritual können die vier Gute-Nacht-Fragen von Dr. Markus Ebner sein. In abgewandelter Form eignen sie sich auch zum Start von Meetings.

- Wo habe ich heute Schönes, Inspirierendes, Positives erlebt?
- In welcher Situation habe ich mich heute lebendig gefühlt (Beispiele: Sport bei widrigem Wetter, zähes Projekt beschleunigt)?
- Für wen und wofür kann ich heute dankbar sein?
- Wie konnte ich heute meine Stärken einsetzen?

Nicht übertreiben!

Wer immer die Fassung bewahrt, wer auch in größter Not einen Witz auf den Lippen hat, wer auch dann noch Optimismus versprüht, wenn rundherum alles in Leid und Wehklagen versinkt, riskiert, als oberflächlich, realitätsfremd oder kalt wahrgenommen zu werden. Nur weil man selbst die Ruhe selbst ist, heißt das nicht, dass auch die anderen keinen Anlass für Befürchtungen, Ärger oder Hoffnungslosigkeit haben. Fragen wie zum Beispiel »Wie geht's dir eigentlich?« oder das bewusste Einfühlen in die Sorgen und Nöte von anderen könnten da gelegentlich hilfreich sein.

Mut

Rasch und ohne Zögern entscheiden, große innovative Sprünge wagen, auch auf die Gefahr hin, Fehler zu machen, eine ausgeprägte Neigung zu beherztem Handeln – all das zeichnet mutige Menschen aus. Couragierte Menschen kennen die eigenen Stärken und die ihrer Mitarbeiter und wissen sie einzusetzen.

Typisches

Sprüche wie »Wer wagt gewinnt« sind typisch für Mutige. Extremsportler mögen einem in den Sinn kommen, wenn wir an Vorbilder für Mut denken, aber auch die Widerstandskämpferin Sophie Scholl, die unter Lebensgefahr die Flugblätter der »Weißen Rose« verteilt hat.

Wie Sie Mut entwickeln und fördern

Tapferkeit, Innovationsfreude und Elan sind wichtige Ressourcen, gerade in Situationen von Verzagtheit, Stillstand, Mutlosigkeit. Je größer die Furcht in Ihnen oder um Sie herum ist, desto sinnvoller kann es sein, nach Situationen, Momenten zu fragen, in denen der eigene Mut hilfreich war. Erinnern Sie sich an das Auslandssemester in einer fremden Stadt mit fremden Menschen, an Ihren Heiratsantrag, die Geburt Ihres Kindes etc.

Menschen zu ermutigen, ihren Mut zu gebrauchen, kann einerseits viel über Vorbildverhalten und Zuspruch erfolgen. Aber auch über das Ernstnehmen von Hemmungen, Ängsten, Bedenken. Denn manchmal ist es das Mutigste überhaupt, anderen seine Angst zu zeigen. Menschen ihre Stärken vor Augen zu führen, ihnen Zutrauen in diese zu vermitteln, ist ebenfalls ermutigend. Und wer als Führungskraft Vertrauen in seine Mitarbeiter zeigt, ihnen Aufgaben überträgt, ohne sie dann mikromanagen zu müssen, auch der beweist eigenen Mut und fördert den ihrigen.

Nicht übertreiben!

Kühnheit kann zur Tollkühnheit, Mut zum Übermut werden. Ängste können gute Gründe und wichtige Folgen haben. Daher sollten risikobereite, mutige Menschen im Blick haben, dass sie andere – und mitunter auch sich selbst – zu überholen, überfordern oder gar zu gefährden drohen mit ihrer Entschlossenheit und ihrem Elan.

Dankbarkeit

Dankbarkeit ist eine Tugend, die einerseits in allen großen Religionen gefordert und gefördert wird, deren wissenschaftliche Untersuchung aber erst mit dem Aufkommen der Positiven Psychologie in den 2000er-Jahren begann.

Dankbare Menschen sind bescheiden, nehmen nicht alles für selbstverständlich, sehen sich im Kontext mit anderen. Gerade Führenden in Krisensituationen steht Dankbarkeit nicht schlecht. Denn häufig haben ja die Mitarbeiter ganz Außerordentliches zu leisten in Zeiten von Umbruch, Not und Gefahr.

Typisches

Dankbare Menschen loben, wertschätzen und bedanken sich viel. »Das ist aber lieb!«, »Das wäre doch nicht nötig gewesen …« – Sätze wie diese hört man häufig von dankbaren Menschen. Von Albert Schweitzer stammt der Satz: »Die dankbaren

Menschen geben den anderen Kraft zum Guten.« Ein bekanntes Gegenbeispiel, ein Musterbild an Undankbarkeit ist sicher der stets geizige und unzufriedene Dagobert Duck.

Wie Sie Dankbarkeit entwickeln und fördern

Ironischerweise nutzt Dankbarkeit uns selbst vor allem dann, wenn wir sie gegenüber anderen hegen. Machen Sie sich also selbst bewusst, wofür Sie wem dankbar sind – eigenen Mitarbeitern, dem Partner, den Eltern, früheren Lehrern, den Autoren der großartigen Netflix-Serie und und und.

Dankbarkeit schafft viel Verbundenheit, stiftet Wirgefühl und Miteinander. Wer sich als Führungskraft gegenüber den Mitarbeitern für Geleistetes bedankt, zeigt sich als Mensch, der von anderen abhängt, vielleicht sogar verletzlich ist. Lob und Anerkennung sind stets umso wirksamer, je genauer, spezifischer sie ausgedrückt werden.

Nicht übertreiben!

Dankbarkeit kann manche Menschen überfordern, vor allem etwa, wenn sie nicht zur bisherigen Führungs- und Organisationskultur passt oder der eigene Vorgänger notorisch undankbar kommuniziert und gehandelt hat. Dankbarkeit, die als unecht oder aufgesetzt daherkommt, erreicht ihr Ziel nicht.

Sinnorientierung

Sinn vermitteln Führungskräfte, die einen moralischen Kompass haben und diesen auch erkennen lassen. Sinnorientiert sind Menschen, die es schaffen, die Arbeit für sich und andere nicht nur als Broterwerb zu begreifen, sondern die in ihrem Tun auch ihre Werte und Prinzipien verwirklicht sehen wollen. Daraus entsteht häufig auch eine klare Zukunftsperspektive. Das Glas ist für stark Sinnorientierte Führungskräfte niemals halbleer, sondern immer mindestens halb voll.

Typisches

»Was uns nicht umbringt, macht uns stärker«, ist ein typischer Satz von Menschen, deren Stärke Sinnerleben ist. Der ehemalige US-Präsident Barack Obama mit seiner wertefundierten Zuversicht, die er stets ausstrahlte, mag als Vorbild für Sinnorientierung erscheinen. Auch die hoffnungsvollen, stets zuversichtlichen Tagebucheinträge der Anne Frank, die freundlich-humanistischen Vorträge und Schriften des Holocaust-Überlebenden Viktor Frankl stehen exemplarisch für ausgeprägte Sinnorientierung.

Wie Sie Sinnorientierung entwickeln und fördern

Sinnempfinden kann einem vor allem in Zeiten von Krise und Umbruch helfen. Wer sich an bereits überstandene Widrigkeiten erinnert, mag daraus Zuversicht schöpfen. Wer ein größeres

Ganzes zu sehen in der Lage ist, weiß um den Wert des eigenen Beitrags, egal wie klein er sein mag. Wer sich in die Lage versetzt von Kunden oder Anwendern der eigenen Produkte und Dienstleistungen, wer versteht, wie diese deren Leben bereichern, der nutzt Sinnempfinden als Motivationsquelle für sich selbst.

Begründen können, warum bestimmte Dinge so gemacht, organisiert werden, wie sie eben gemacht werden, ein Big Picture in Zeiten von Krise und Umbruch vermitteln können, eine Daseinsberechtigung für die eigene Organisation auch in Kleinigkeiten erkennen – mit alldem trägt Sinnorientierung zum Wohlergehen anderer bei. Und weil nicht jedes Unternehmen mit seinen Produkten die Welt retten kann, lässt sich Sinn auch vermitteln, indem für humanitäre Zwecke gesammelt oder Arbeit für gemeinnützige Organisationen von Führungskräften und Unternehmen gefördert wird.

Nicht übertreiben!

Werte und Prinzipien streben ja einerseits stets universelle Geltung an, andererseits können Menschen recht unterschiedlicher Ansicht darüber sein, was Sinn, Anstand und Werte denn bedeuten. Wer also sehr sinn- und werteorientiert führt, sollte um die Gefahr von Moralismus und Selbstgerechtigkeit wissen. Dazu gehört auch, die eigenen Werte nicht als absolute Wahrheit zu nehmen, realistisch zu bleiben in den moralischen Anforderungen an andere.

Klarheit

Klarheit als Stärke zahlt auf die fünfte Säule von PERMA ein, das Erleben von Erfolgen und Selbstwirksamkeit. Wer verständlich einige wenige wichtige, attraktive Ziele formulieren und auf diese fokussieren kann, der sorgt damit dafür, dass sich Mitarbeiter bei deren Erreichen als selbstwirksam erleben, Erfolge wahrnehmen und feiern können – und nicht immer nur sehen, was noch fehlt, woran es noch hapert.

Typisches

»Wir können stolz auf das Geleistete sein«, »Bravo!«, »Jetzt machen wir ein Fass auf!« hört man von klaren, auf Erfolge fokussierten Führungskräften. Der ehemalige FC Bayern-Trainer Luis van Gaal etwa bezeichnete sich selbst gerne als ein Feierbiest. Und wenn wir schon beim Sport sind: Von der Tennisspielerin Andrea Petkovic sind wunderbare Jubeltänzchen im Netz zu sehen, die inspirieren können.

Wie Sie Klarheit entwickeln und fördern

Klare Ziele formulieren Sie, indem Sie möglichst messbar und spezifisch formulieren, was wofür bis wann von wem zu leisten ist. Und auch, das wird in Krisensituationen gerne vergessen: was nicht. Denn zum klaren Fokussieren gehört neben dem Priorisieren auch das Posteriorisieren. Sie sollten Ihren Mitarbeitern also auch signalisieren, was gerade liegen bleiben kann, nicht ganz oben auf der Agenda sein muss. Meilensteine, Zwischenschritte benennen und jeden Etappensieg feiern – das schafft Erfolgserleben und Selbstwirksamkeit, vor allem auch bei weniger sichtbaren Arbeiten und Tätigkeiten. Ebenfalls nützlich, um die Erfolgswahrnehmung zu stärken und zu schärfen: früh und spezifisch zu formulieren, was überhaupt als Erfolg gelten würde. Und zu wissen, dass wir im Leben nicht immer nur Erfolg haben können, sondern auch aus Fehlern lernen müssen.

Nicht übertreiben!

Wer die eigenen Leistungen und/oder die seines Teams ständig lobt und vermarktet, tut damit einerseits für sich und die Mitarbeiter viel Gutes. Andererseits kann dies auch Menschen, gerade in sehr defizitorientierten Kulturen, übel aufstoßen. Wer Erfolge wahrnimmt und feiert, sollte durchaus auch einmal Niederlagen und Rückschläge eingestehen können – sich selbst gegenüber und anderen.

.... und die Schwächen? Tipps zum konstruktiven Umgang mit Defiziten

Potenziale, Wachstumsbereiche, Entwicklungsbedarf: In vielen Unternehmen wird auf diese Art und Weise von Schwächen geredet. Genauer gesagt: um sie herumgeredet. Ich halte davon nichts. So sehr unser Fokus auf dem Ausbau von Stärken, auf deren Anerkennung und Wertschätzung liegen sollte – so ehrlich und realistisch und frei von sprachlichen Verschönerungstaktiken sollte unser Umgang mit Schwächen sein. Den eigenen und denen anderer. Hier deshalb einige Tipps für den konstruktiven Umgang mit Defiziten.

Den Wert der Schwäche sehen

Eine meiner größten Schwächen: Tempo. Alles muss am besten immer ruckzuck gehen. Viele Führungskräfte, mit denen ich zu tun habe, in Coachings, in Webinaren, sind da ähnlich. Dinge weiterbringen, aufs Gas drücken: Das ist ja erstmal auch eine Stärke. Genauso ist es bei jeder anderen Schwäche. Sie hat immer auch etwas Gutes. Was genau? Finden Sie es heraus!

Den Preis von Schwächen ernst nehmen

Echte Schwächen sollte man dennoch am besten als Schwächen sehen und auch so benennen. Keiner von uns hat nur Stärken, niemand hat nur Schwächen. Zu einem realistischen Bild von uns und anderen gehört es, die Existenz von Schwächen anzuerkennen.

Hilfe suchen

Wer anderen seine Schwächen offenbaren, sich verletzbar zeigen kann, wird dadurch häufig stärker. Und ermutigt auch andere im Team, früher um Hilfe oder Rat zu bitten. Wie können Ihre Mitarbeiter, Ihre Kolleginnen Ihre Schwäche kompensieren? Vielleicht kann Sie auch ein Training, ein Coaching dabei unterstützen, zu verstehen, woher die Schwäche kommt – und wie sie ein wenig entmachtet werden kann.

Feedback einholen

Ehrliches Feedback einholen kann schmerzhaft, aber hilfreich sein. Denn dann wissen wir, wie schlimm es wirklich steht um unsere Präsentationsfähigkeiten, Excel-Kompetenzen oder was auch immer unsere tatsächliche oder vermeintliche Schwäche ist.

Kompensation per Kompetenz

Manchmal lassen sich Schwächen durch Stärken aufwiegen. An meinem Beispiel erklärt: Im Langsammachen bin ich schlecht. Aber ich kann anderen Leuten gut und – logo – schnell vertrauen. Die Qualitätskontrolle zum Beispiel überlasse ich bei meinen Büchern voll und ganz dem Lektorat. Welche Schwäche können Sie mit welchen Ihrer Stärken abmildern?

Schwächen wegdelegieren

Viele von uns haben gelernt, den eigenen Schwächen aus dem Weg zu gehen. Das ist eigentlich ziemlich schlau. Denn das Wesen von Schwächen ist, dass sie uns Energie ziehen, demotivieren, unsere Leistung mindern. Schwächen soweit möglich zu umschiffen, zum Beispiel durch Delegation, ist daher häufig eine gute Strategie! Vielleicht ist ja das 150-Prozentige, das Herrn Müller nicht so liegt, die Stärke der Kollegin Schulz – die schaut dann auf die Charts, bevor sie raus an den Kunden gehen. Der hochkreative Herr Müller hilft dafür Frau Schulz, wenn es darum geht, andere Wege auszuprobieren – denn damit tut diese sich eher schwer.

An den Stell(en)schrauben schrauben

Schwächen haben oft mit mangelhafter Passung zwischen Situation und Person zu tun. Auf die Arbeitssituation übersetzt: mit dem Stellenprofil. Die Frage ist daher: Können wir den eigenen Job oder den eines Mitarbeiters stärker um die Stärken herumschnitzen – und etwas weiter weg von den Schwächen?

Schwächen in Perspektive setzen

Was wir bei anderen als Schwäche wahrnehmen, ist häufig eine eigene Stärke von uns – und anders herum. Die Sparsame sieht den Großzügigen schnell als verschwenderisch, der Kreative findet die Präzise, Zurückhaltende häufig langweilig und spaßbefreit. Oft macht jedoch gerade die Vielfalt an Stärken ein Team wirklich stark – sofern die Mitglieder die unterschiedlichen Neigungen, Arbeitsweisen und Stärken gegenseitig wertschätzen können. So wie der Blinde und der Lahme aus Christian Gellerts Gedicht nur zusammen gehen und sehen können.

»Passt schon ...« statt Perfektion

Es gibt Dinge, die wir nur ungern, schlecht oder mit viel Überwindung erledigen, die aber nicht delegiert werden können. Sie sollten wir auf ein »Passt schon«-Niveau bringen: Echte Stärken werden daraus nie werden. Aber wir sollten zumindest, wenn wir zum Beispiel eine gravierende Excel-Phobie haben, unsere Tabellen-Kenntnisse mit Schulungen, Lern-Tutorials oder Tipps vom Kollegen auf ein Niveau bringen können, das für die geforderten Ansprüche reicht.

Verunschlimmerung feiern

Wenn wir unsere Schwächen schwächen wollen, sollten wir auch kleine Verbesserungen, Verunschlimmerungen feiern. Und wenn sie noch so klein sind!

Mehr Informationen zum Thema Schwächen? Via https://mybook. haufe.de stehen für Sie nach Eingabe des Codes TGA-HL12 im Bereich »Management« Reflexionsfragen bereit, die Ihnen dabei helfen, Ihre Schwächen zu schwächen.

Literatur und weiterführende Informationen

Sie wollen sich noch intensiver mit Stärken beschäftigen? Hier eine kleine Auswahl an Büchern, Podcasts und Websites.

Robert Biswas-Diener: The upside of your darkside. New York 2014. *Über den konstruktiven Umgang mit schwierigen Situationen – von einem der Pioniere der modernen Stärkenforschung.*

Rutger Bregman: Im Grunde gut. Eine neue Geschichte der Menschheit. Hamburg 2020. *Journalistische, lesenswerte Darstellung der sozialen Dimension des Menschseins.*

Kim Cameron: Practicing Positive Leadership. San Francisco 2013. *Eines der frühen, sehr grundsätzlichen Bücher zur Haltung und Philosophie des Positiven Führens.*

Markus Ebner: Positive Leadership. Wien 2019. *Das Standardwerk zum Positiven Führen: reich an Studien und Belegen und doch sehr praxisorientiert.*

Karsten Drath: Neuroleadership. Was Führungskräfte aus der Hirnforschung lernen können. Freiburg 2015. *Anschauliche Einführung in die Zusammenhänge von Hirnforschung und Führung.*

Adam Grant: Podcast »Work Life«. *Der vielleicht wichtigste Podcast überhaupt zur Forschung rund um Positive Psychologie im Arbeits- und Organisationskontext.*

Eckart von Hirschhausen: YouTube-Video »Mach es wie der Pinguin! Finde dein Element« *Sehr anschauliches, humorvolles Beispiel für Stärken und unseren Umgang mit ihnen.*

Alexander Hunziker: Positiv führen. Leadership – mit Wertschätzung zum Erfolg. Zürich 2018. *Kompakte, leicht lesbare Einführung in Positive Leadership.*

Tobias Illig: Die Stärkenfokussierte Organisation. München 2013. *Ein weites Panorama an Themen und Methoden aus Positiver Psychologie, konstruktiver Didaktik und Pädagogik und Paartherapie, stets auf den Arbeitskontext bezogen.*

Eva Kalbheim: Meine Stärken entdecken und entwickeln für Dummies. Weinheim 2017. *Praxisorientierte und gründliche Einführung in den Umgang mit eigenen Stärken.*

Axel Koch: Die Transferstärke-Methode. Weinheim 2018. *Wer sich für stärkenorientierte Trainings- und Weiterbildungsmaßnahmen interessiert, ist hier bestens aufgehoben.*

A. J. Jacobs: Thanks a thousand. New York 2019. *Lesenswerte Mischung aus Erlebnisbericht und Sachbuch über die Stärke Dankbarkeit.*

Alex Linley: The strengths book. Coventry 2010. *Einführung in ein sehr interessantes Stärkenkonzept.*

Michelle McQuaid: Podcast »Making Positive Psychology work«. *Anwendungsorientierte Interviews mit Forscher*innen aus dem Bereich der Positiven Psychologie.*

Ryan Niemiec: Character Strengths Interventions. A Field Guide for Practitioners. Boston 2018. *Die Bibel der forschungsbasierten Stärken-Übungen, allerdings eher für Coaches, Trainer und Berater*innen.*

Ryan Niemiec: The strength-based workbook for stress relief. Oakland 2019. *Für alle, die sich speziell mit Stärken in Zeiten von Krise und Strapazen beschäftigen wollen.*

Ryan Niemiec: Video »A universal language that describes what's best in us«. *Gute Einführung in das Stärkenthema.*

Richard T. Pascale et al.: The Power of Positive Deviance. Boston 2010. *DAS Standardwerk, wenn es um Erfahrungen und Umgang mit stärkenbasierter Abweichung geht.*

Tayyab Rashid: Positive Psychotherapy. Oxford 2018. *Ein Buch eher für Profis aus Therapie und Coaching, die sich mit Haltung und Methoden der Positiven Psychologie im Therapie-Kontext vertrauter machen wollen.*

Nico Rose: Arbeit besser machen. Freiburg 2019. *Eine leicht lesbare, unterhaltsame Einführung in viele Themen rund um die Positive Psychologie im Arbeitskontext.*

Marcus Schweighart: Podcast »Positive Psychologie im Business« *Interviews mit Expert*innen aus der Positiven Psychologie und Positive Leadership.*

Tal-Ben Shahar: The joy of Leadership. Hoboken 2017. *Ein inspirierendes Buch voller Forschungsergebnisse, aber auch mit praktischen Beispielen.*

Christian Thiele: Audiokurs »Positiv führen nach Stärken« auf positiv-fuehren.com. Vom Autor *zur Wiederholung und Vertiefung der TaschenGuide-Inhalte.*

Christian Thiele: Podcast »Positiv Führen«. *Vom Autor, Interviews mit Vordenker*innen und Anwender*innen des Positiven Führens und der Positiven Psychologie.*

Christian Thiele: Positiv Führen für Dummies. Weinheim 2021. *Vom Autor, eine handlungs- und praxisorientierte Einführung in viele Bereiche der Positive Leadership.*

Michael Tomoff: Stärkenkartenset »Was Wäre Wenn«. Köln 2019. *Ein inspirierendes Tool für den Umgang mit den eigenen Stärken und den Stärken anderer.*

Karl Weick: Das Unerwartete managen. Wie Unternehmen aus Extremsituation lernen. Stuttgart 2016. *Keine ganz leichte Kost, aber mit vielen inspirierenden Beispielen und Einsichten über Führung in Krisen- und Veränderungssituationen.*

Stichwortverzeichnis

Impressum

Bibliografische Information der Deutschen Nationalbibliothek
Die Deutsche Nationalbibliothek verzeichnet diese Publikation in der Deutschen Nationalbibliografie; detaillierte bibliografische Daten sind im Internet über http://www.dnb.dnb.de abrufbar.

Print:	ISBN: 978-3-648-15314-7	Bestell-Nr.: 10573-0001
ePub:	ISBN: 978-3-648-14535-7	Bestell-Nr.: 10573-0100
ePDF:	ISBN: 978-3-648-14642-2	Bestell-Nr.: 10573-0100

Christian Thiele
Positiv führen – Stärken erkennen und nutzen
1. Auflage 2021

© 2021, Haufe-Lexware GmbH & Co. KG, Munzinger Straße 9, 79111 Freiburg
Redaktionsanschrift: Fraunhoferstraße 5, 82152 Planegg/München
Internet: www.haufe.de
E-Mail: online@haufe.de
Redaktion: Jürgen Fischer

Konzeption, Realisation und Lektorat: Nicole Jähnichen, München
Bildnachweis (Cover): peshkov, Adobe Stock

Alle Rechte, auch die des auszugsweisen Nachdrucks, der fotomechanischen Wiedergabe (einschließlich Mikrokopie) sowie der Auswertung durch Datenbanken oder ähnliche Einrichtungen, vorbehalten.

Der Autor

Christian Thiele

ist Diplom-Politikwissenschaftler, Experte für positives Führen und hat eigene Führungserfahrung in Redaktionen und Medienhäusern. Mit Vorträgen, Teamentwicklungen, Trainings und Coachings unterstützt er Organisationen, Teams und Führungskräfte, offline wie online. Seine Themen: Führung, Konfliktmanagement, Ressourcenmanagement. Sein Podcast »Positiv Führen« erscheint monatlich. Er hat diverse Aus- und Weiterbildungen gemacht (Positive Business, Positive Psychologie, Science of Happiness, Systemisches Coaching, Systemische Therapie, Kommunikationspsychologie nach Friedemann Schulz von Thun, Erlebnispädagogik). Christian Thiele ist zertifizierter PERMA-Lead-Berater, Mitglied im Deutschsprachigen Dachverband für Positive Psychologie und in der Deutschen Gesellschaft für Systemische Therapie, Beratung und Familientherapie. Obendrein ist er ein (meist) fröhlicher Patchwork-Vater, leidenschaftlicher Bergsteiger, untalentierter Kletterer, engagierter Produzent und Konsument von Kässpätzle. Mehr zum Autor auf www.positiv-fuehren.com.

DANKE

an Jürgen Fischer vom Haufe Verlag und Nicole Jähnichen, die Lehrenden und Mitlernenden meiner Weiterbildungen, meine Coachees und Seminarteilnehmenden – und natürlich und vor allem an Christiane. Vielen, vielen Dank für die Unterstützung bei diesem Buch!

HAUFE.

LÖSUNGEN FÜR DEN FÜHRUNGSALLTAG

Nicole Jähnichen / Ilonka Kunow

80 Hacks für den Führungsalltag

Die besten Impulse und Tipps

TASCHEN GUIDE

HAUFE.

128 Seiten
Buch: **€ 9,95** [D] | eBook: **€ 4,99**

Ob Gesprächsführung, Entscheidungen treffen oder Krisenmanagement – der TaschenGuide bringt es kurz und präzise auf den Punkt. Für junge Führungskräfte ebenso wie für alte Hasen im Chefsessel.

Jetzt versandkostenfrei bestellen:
taschenguide.de
0800 50 50 445 (Anruf kostenlos) oder in Ihrer Buchhandlung

HaUFE.

KOMPAKTE EINFÜHRUNG INS THEMA OKR

256 Seiten
Buch: **€ 11,95** [D] | eBook: **€ 6,99**

Die OKR-Methode hilft sicherzustellen, dass alle Aktivitäten auf die gleichen, wichtigsten Ziele innerhalb der gesamten Organisation ausgerichtet sind. Wie das geht, zeigt dieser TaschenGuide.

Jetzt versandkostenfrei bestellen:
taschenguide.de
0800 50 50 445 (Anruf kostenlos) oder in Ihrer Buchhandlung